U0142815

零售業
個案分析

戴國良 博士 著

五南圖書出版公司 印行

序言

本書緣起

　　國內零售業是臺灣極重要的產值貢獻產業，它們對國民消費生活影響很大，諸如：百貨公司、便利商店、超市、量販店、美妝店、連鎖藥局、連鎖 3C／家電用品店、Outlet、購物中心等，都與消費者的日常生活息息相關。

　　近 10 年來，國內零售業成長快速，每年都有 3～5% 的穩定成長率，而且不斷追求創新與進步，帶給大眾更美好的生活，大家都感受得到，因此，引起作者想寫這本零售業個案討論集。

本書特色

　　本書具有下列幾項特色：

1. 全臺第一本，且資料最新

　　此書為全臺第一本零售業個案集，且內容資料最新，皆為近年來的發展現況，能夠達到與時俱進的需求。

2. 本土個案與日本個案兼具

　　本書除囊括大量本土零售業個案外，亦兼具先進國家日本的零售業個案；可以他山之石借鏡之用。可謂兼具臺灣本土觀點及日本零售業觀察。

3. 涵蓋最廣泛零售業個案

　　本書觸及的零售業廣泛，且具代表性，包括：百貨公司業、便利商店業、量販店業、超市業、購物中心業、3C／家電連鎖業、藥局連鎖業、美妝連鎖業……等數十種之多。

4. 可看到零售業各行業如何成功

　　本書有近 40 個個案，可以看到各公司的成功經營策略及行銷策略，作為其他各行各業的借鏡參考。

5. 可成為零售專家

　　閱讀完全部個案後，你必可以成為零售業的專家及領導者，也必可成

為零售公司的重要幹部。

6. 適用大學科系

　　本書可適用於各大學、各科大的行銷系所、流通與行銷系所、企管系所等教學使用教材。

感謝、感恩與祝福

　　本書能夠順利出版，得感謝五南出版公司的商管主編們的大力協助及幫忙，也得感謝諸多大學老師們及學生們的殷殷期盼及鼓勵，才使本書得以出版。

　　最後，祝福每一位讀者，都能有一個美好的人生，走上一趟成長、進步、平安、健康、開心、快樂、美滿、幸福、財富自由的美麗人生旅途。謝謝大家，感恩大家。

作者　戴國良

e-mail: taikuo@mail.shu.edu.tw

目錄

序言   i

第 1 篇　國內零售業個案篇

【個案 1】臺灣好市多的經營成功祕訣   3

【個案 2】全臺最大零售龍頭──統一超商經營祕訣   9

【個案 3】臺灣最大量販店──家樂福成功祕訣   13

【個案 4】全臺第一大電商──momo 中期 5 年（2024～2028 年）
營運發展策略、布局、規劃與願景目標   17

【個案 5】統一超商集團持續成長、成功的經營祕訣   22

【個案 6】寶雅營運續創新高，未來 5 年成長策略   25

【個案 7】國內第一大超市──全聯成功的經營祕訣   29

【個案 8】SOGO 臺北忠孝館老店新開，力挽東區，重返榮耀   35

【個案 9】SOGO 百貨保持永續成長的經營策略   38

【個案 10】連鎖藥局通路王國──大樹經營成功之道   46

【個案 11】庶民雜貨店──美廉社黑馬崛起   52

【個案 12】新光三越推出線上商城及熟客系統，業績成長 7 倍   56

【個案 13】微風與新光三越改造全球最密百貨圈   58

【個案 14】momo 網購邁向千億元營收   62

【個案 15】SOGO 百貨如何開展新局，再創巔峰   65

【個案 16】微風百貨吸客大法   68

【個案 17】屈臣氏在臺成功經營的關鍵因素   72

【個案 18】寶雅雙品牌發展，追求更大成長性   76

【個案 19】麗晶精品行銷成功原因   79

【個案 20】新光三越 vs. SOGO：壓力最大週年慶，二大百貨公司
出什麼招   82

【個案 21】D＋AF 女鞋以超越千元女鞋的顧客體驗，抓住百萬會員，
創造 5 億元營收   85

【個案 22】全家自營麵包廠的成功心法 89

【個案 23】優衣庫在臺成功經營心法 92

【個案 24】振宇五金連鎖店營收成長的祕訣 97

【個案 25】社區型百貨公司──宏匯廣場如何翻身 100

【個案 26】統一超商成為臺灣最大鮮食便當連鎖店 102

【個案 27】臺灣最大美式量販店──好市多經營成功祕訣 106

【個案 28】臺灣百貨之首──新光三越改革創新策略 113

【個案 29】SOGO 百貨日本美食展經營的成功祕訣 117

【個案 30】寶雅稱霸國內美妝、生活雜貨零售王國 120

【個案 31】全國電子營收逆勢崛起的策略 127

【個案 32】文具連鎖店領導品牌──金玉堂的轉型策略 132

【個案 33】未來百貨公司的 5 種樣貌 136

第 2 篇　他山之石──日本零售業個案篇

【個案 1】日本無印良品 2030 年挑戰營收 3 兆日圓 141

【個案 2】日本便利商店面對六大挑戰 144

【個案 3】日本優衣庫連續 2 年獲利創新高的經營祕訣 147

【個案 4】日本「全家超商」的創新作為及觀察評論 151

【個案 5】露露樂蒙（lululemon）運動品牌在臺快速成長祕訣 155

【個案 6】百元商店──日本大創的低價經營策略 159

【個案 7】日本 J.FRONT 百貨公司轉向多元服務零售商的啟示 162

【個案 8】日本藥妝龍頭──Welcia 的成功祕訣 164

【個案 9】日本成城石井高檔超市的經營成功之道 167

第 3 篇　國內零售業公司永續經營成功的 31 個全方位必勝要點

【要點 1】快速、持續展店，擴大經濟規模競爭優勢及保持營收成長 173

【要點 2】持續優化及多元化產品組合及專櫃組合 173

【要點 3】朝向賣場大店化、大規模化、一站購足化的正確方向 173

【要點 4】領先創新、提早一步創新、永遠推陳出新，帶給顧客
　　　　　驚喜感及高滿意度　　　　　　　　　　　　　　　174

【要點 5】全面強化會員深耕、全力鞏固主顧客群及有效提高
　　　　　回購率與回流率，做好會員經濟　　　　　　　　174

【要點 6】申請上市櫃，強化財務資金實力，以備中長期擴大經營　175

【要點 7】強化顧客的美好體驗，打造高 EP 值（體驗值）　　　175

【要點 8】持續擴大各種節慶、節令促銷檔期活動，以有效集客
　　　　　及提振業績　　　　　　　　　　　　　　　　　176

【要點 9】打造 OMO，強化線下＋線上全通路行銷　　　　　176

【要點 10】提供顧客「高 CP 值感」＋「價值經營」的雙重好感度　177

【要點 11】設定必要廣告投放預算，維繫主顧客群對零售公司
　　　　　　的高心占率、高信賴度及高品牌資產價值　　　　177

【要點 12】有效擴增年輕新客群，替代主顧客群逐漸老化的危機　178

【要點 13】積極建設全臺物流中心，做好物流配送的後勤支援
　　　　　　能力，達成第一線門市店營運需求　　　　　　　178

【要點 14】發展新經營模式，打造中長期（5～10 年）營收成長新動能　178

【要點 15】積極開展零售商自有品牌（PB 商品），創造差異化及
　　　　　　提高獲利率　　　　　　　　　　　　　　　　　179

【要點 16】確保現場人員服務高品質，打造好口碑及提高顧客滿意度　181

【要點 17】做好少數 VIP 貴客的尊榮／尊寵行銷　　　　　　181

【要點 18】與產品供應商維繫好良好與進步的合作關係，
　　　　　　才能互利互榮　　　　　　　　　　　　　　　　182

【要點 19】善用 KOL／KOC 網紅行銷，帶來粉絲新客群，
　　　　　　擴增顧客人數　　　　　　　　　　　　　　　　183

【要點 20】做好自媒體、社群媒體粉絲團經營，擴大鐵粉群　　183

【要點 21】加強改變傳統僵化、保守的做事思維，導入求新、求變、
　　　　　　求進步的新思維　　　　　　　　　　　　　　　183

【要點 22】面對大環境瞬息萬變，公司全員必須能快速應變，
　　　　　　平時就要做好因應對策的備案　　　　　　　　　184

【要點 23】持續強化內部人才團隊及組織能力，打造一支動態作戰組織　184

【要點 24】永遠抱持危機意識，居安思危，布局未來成長新動能

　　　　　　及超前部署　185

【要點 25】必須保持正面的新聞報導露出度，提高優良企業形象，

　　　　　　維持顧客對公司的信任度　185

【要點 26】大型零售公司必須善盡企業社會責任（CSR）及做好

　　　　　　ESG 最新要求　185

【要點 27】加強跨界聯名行銷活動，創造話題及增加業績　186

【要點 28】堅定顧客導向、以顧客為核心，滿足顧客更多需求及

　　　　　　提高價值感，使顧客邁向未來更美好的生活願景　186

【要點 29】公司有賺錢，就要及時加薪及加發獎金，以留住優秀

　　　　　　好人才，成為員工心中的幸福企業　187

【要點 30】從分眾經營邁向全客層經營，以拓展全方位業績成長　187

【要點 31】持續「大者恆大」優勢，建立競爭高門檻，保持市場

　　　　　　領先地位，確保不被跟隨者超越　188

第1篇

國內零售業個案篇

【個案 1】臺灣好市多的經營成功祕訣

【個案 2】全臺最大零售龍頭——統一超商經營祕訣

【個案 3】臺灣最大量販店——家樂福成功祕訣

【個案 4】全臺第一大電商——momo 中期 5 年（2024～2028 年）營運
發展策略、布局、規劃與願景目標

【個案 5】統一超商集團持續成長、成功的經營祕訣

【個案 6】寶雅營運續創新高，未來 5 年成長策略

【個案 7】國內第一大超市——全聯成功的經營祕訣

【個案 8】SOGO 臺北忠孝館老店新開，力挽東區，重返榮耀

【個案 9】SOGO 百貨保持永續成長的經營策略

【個案 10】連鎖藥局通路王國——大樹經營成功之道

【個案 11】庶民雜貨店——美廉社黑馬崛起

【個案 12】新光三越推出線上商城及熟客系統，業績成長 7 倍

【個案 13】微風與新光三越改造全球最密百貨圈

【個案 14】momo 網購邁向千億元營收

【個案 15】SOGO 百貨如何開展新局，再創巔峰

【個案 16】微風百貨吸客大法

【個案 17】屈臣氏在臺成功經營的關鍵因素

【個案 18】寶雅雙品牌發展，追求更大成長性

【個案 19】麗晶精品行銷成功原因

【個案 20】新光三越 vs. SOGO：壓力最大週年慶，二大百貨公司出什麼招

【個案 21】D+AF 女鞋以超越千元女鞋的顧客體驗，抓住百萬會員，創造 5 億元營收

【個案 22】全家自營麵包廠的成功心法

【個案 23】優衣庫在臺成功經營心法

【個案 24】振宇五金連鎖店營收成長的祕訣

【個案 25】社區型百貨公司——宏匯廣場如何翻身

【個案 26】統一超商成為臺灣最大鮮食便當連鎖店

【個案 27】臺灣最大美式量販店——好市多經營成功祕訣

【個案 28】臺灣百貨之首——新光三越改革創新策略

【個案 29】SOGO 百貨日本美食展經營的成功祕訣

【個案 30】寶雅稱霸國內美妝、生活雜貨零售王國

【個案 31】全國電子營收逆勢崛起的策略

【個案 32】文具連鎖店領導品牌——金玉堂的轉型策略

【個案 33】未來百貨公司的 5 種樣貌

【個案 1】臺灣好市多的經營成功祕訣

一、業績連年成長祕訣的唯一因素：人才

臺灣好市多（COSTCO）總裁張嗣漢表示，該公司連續 10 多年來，業績都能快速成長的因素很多，包括：美式賣場特色、進口產品多、價格便宜、品質好、會員制、一站購足、產品挑選得好、試吃多……等，均是成功因素；但是，若能歸納為背後一個總因素，那就是「人（人才）」。

張總裁表示，人會驅動商品的流通，才能把業績創造出來。人會思考、人會產生策略，好的人才會把策略執行得好。

張總裁表示，好市多在 1997 年進入臺灣，已有 26 年了，當時第一年營收只有 10 億元，但到 2024 年全臺已有 14 家大店，年營收額衝到 1,200 億元，是第一年的 150 倍之多，這一切都脫離不開「人」的因素、「好人才」的因素。

二、擺上對的、精挑細選的商品

張嗣漢總裁認為，擺上對的商品，就是對會員最好的服務，也是讓會員享受到非會員無法得到的好康。

臺灣 COSTCO 全店內只有 4,000 個品項，是家樂福量販店的 1/10，卻能做出 1,200 億元的年營收，此亦顯示出，每個商品要扛好票房的責任。在臺灣好市多，每個貨架上的商品都必須是精挑細選、精打細算的，也都要能符合顧客們的需要，顧客看到每個商品都有好想買下來的感覺。

三、有了對的採購經理，才能決定熱賣商品上架

張嗣漢總裁表示，臺灣好市多總計有 80～100 人的採購團隊，每個人負責的品項只有別家的 1/10，所以，都能大大提高對該類產品的專業度。每個採購人員都很懂商品，也都做好功課，才跟供應商談；不少供應商都表示，臺灣好市多採購人員對產品專業度、對產品成本與報價的熟練度都不輸供應

商人員，所以供應商們也不敢亂抬高報價。

　　張嗣漢總裁表示，臺灣好市多會給這些優秀採購人才好的待遇、薪水、獎金，以及明確的升遷制度，因此，多年來都能留住這些採購好人才，他們是挖不走的。

四、採購人才的 3 種身分

　　張嗣漢總裁提出，好市多的採購人才，必會有 3 種身分及條件：

1. 有品味的選貨人。
2. 能精打細算的人。
3. 能了解消費者需求的解決方案供應者。

　　而這群採購團隊，對臺灣好市多 400 萬個會員的 3 種貢獻價值，就是：

1. 超便宜的價格。
2. 買到超棒的東西。
3. 購買旅程愉悅及滿足。

　　張嗣漢總裁認為，其實公司每個職位跟職務都很重要，如果每個員工都能更用心，把自己的工作做好、做滿、做到位，那公司業績一定會更好、更成長的。

五、「全球採購系統」成為大幫手

　　美國好市多總公司有一個「全球採購系統」，任何國家的採購人員均可以上去搜尋各個國家有什麼暢銷商品，然後參考引進。

　　例如：臺灣好市多就搜尋到韓國賣的泡菜是全球最優品質及價格最低的，因此，臺灣好市多就停止日本進口泡菜供貨，改從韓國進口泡菜來賣。

　　此外，臺灣好市多還可買到西班牙火腿、澳洲保健品及肥皂，美國好市多也向臺灣廠商買好吃的蛋捲、月餅、乾麵等。所以，好市多的全球採購系統，也成為好市多產品組合強大的一個大幫手。

六、臺灣人喜歡進口產品

張嗣漢總裁表示,目前臺灣好市多,有 1/2 的產品都是進口的,顯示出臺灣人是很喜歡來自各國優質進口產品的;而這一項,也成為臺灣好市多的競爭差異化優勢。因為,在臺灣好市多能買到的,可能在全聯超市、家樂福、大潤發等大賣場是買不到的。

七、自創品牌:Kirkland(科克蘭)

美國好市多總公司在 1995 年時,創造了「科克蘭」(Kirkland Signature)自有品牌,包括有:熱賣的衛生紙、堅果……等;此品牌的每年全球營收總額高達 720 億美元(約 2.2 兆臺幣),占全球好市多 1/4(約 25%)的全年業績,一個自有品牌全球營業額,就比台積電、Nike 的全年營收還高。好市多的科克蘭自有品牌被賦予二大原則:
1. 品質不能輸別人。
2. 價格要比同類產品低 2 成(即,打八折)。

如今,科克蘭自有品牌已經成為全球好市多具獨特性及差異化的競爭特色了。

八、毛利率堅持 11%

張嗣漢總裁表示,美國好市多總公司嚴格規定,各國好市多的產品毛利率,絕不能超過 11%;這比臺灣量販店業界平均 15～20%,以及臺灣全體零售業的 20～40%,都要低很多。由於毛利率很低,所以,代表價格(零售價)也會被拉低,也就是可以「便宜賣」,價格是庶民、親民,且低價的。

張總裁認為他們的邏輯是:愈便宜→賣愈多→賺愈多。因此,臺灣好市多雖然產品品項不多,但每樣產品都能賺錢。

九、電商占比約只占 6%

臺灣好市多推出電商網購已有多年,但電商業績只占全年營收額約為 6%,即每年業績額約有 72 億元(1,200 億元 ×6% = 72 億元)。電商占比

雖不算高，但這達到 2 個功能：

1. 可以開展新的銷售渠道（通路）。
2. 可以增加非會員的新顧客群。

十、會員制：400 萬名會員，每年會員費淨賺 50 億元

張嗣漢總裁表示，臺灣好市多及全球好市多，並不想做每個人生意，他們的會員輪廓普遍具有較國際化、喜歡美式賣場和進口商品、有一定年收入、有較高教育水準等特性。所以，他認為他們的高年費，可以篩選出有一定素質與一定能力的好客群。

目前，臺灣好市多全臺 14 家大店的會員總人數高達 400 萬人，每年每人繳交 1,350 元會員費，合計每年會員費可以淨賺（淨收入）50 億元之多，營收相當可觀。而且，全球各國好市多的會員費收入，占了美國總公司淨獲利來源的 90% 之高；其餘 10% 獲利來源，才是賣商品賺來的；此亦顯示出，全球好市多的獲利額最重要並占 9 成支撐的是：會員費收入。

十一、剛開業時，先虧 5 年

張嗣漢總裁表示，26 年前，臺灣好市多在高雄開出第一家店時，前面 5 年，全公司都在虧錢，直到第 6 年，店慢慢多起來，臺灣消費者也慢慢接受這種美式大賣場，知名度及大眾口碑上升後，營收額才大幅成長、開始賺錢。

張總裁表示，「堅持」很重要，當時堅持了 5 年，沒有撤掉，才有 26 年後至今日大幅成長、成功的臺灣好市多。

十二、未來展店

張嗣漢總裁認為，臺灣好市多未來仍有展店空間，尤其，在大臺中、大新竹及新北市新店區等，都還有可以展店的成長空間，未來將努力去找到好的位址空間。

十三、勝出四大關鍵點

綜上所述，我們可以歸納出臺灣好市多得以勝出的關鍵四大要點，如下：

（一）優質採購人才團隊

臺灣好市多擁有專業、專精、優良、資深的 80～100 人的最佳採購團隊，這些採購團隊為賣場成功開發出最好、最被需求且最想購買的 4,000 個品項。

（二）產品力強大

臺灣好市多的優質產品組合，不僅品質優良、價格便宜，又是進口商品，具獨特性及差異化，強打高 CP 值。

（三）會員價值第一

臺灣好市多不做個人生意，它只服務這 400 萬位高價值的會員顧客，每年續卡率高達 92%，它始終堅持會員第一，並不斷為會員創造更多、更大、更有用的高附加價值。

（四）價格便宜，深受肯定

臺灣好市多堅持產品毛利率只賺 11%，相較別人毛利率 20～40% 之高，臺灣好市多的最後獲利率也很低，大約只有 2～3% 而已；但也因此，臺灣好市多的產品售價可以拉低下來，用庶民、親民、低價的價格提供給會員顧客，而使 400 萬位廣大會員顧客深感高 CP 值，並在心中給予肯定。

Q&A 問題研討

1. 請討論臺灣好市多連年業績成長的唯一因素為何？
2. 請討論臺灣好市多的採購人才團隊有多少人？採購人員應具備哪 3 種身分？採購人員做出哪 3 種貢獻？如何留住這些優良採購團隊？
3. 請討論好市多的全球採購系統有何功能？請舉例說明。
4. 請討論臺灣人喜不喜歡進口商品？為什麼？

5. 請討論好市多成功的科克蘭（Kirkland Signature）自有品牌的概況如何？有哪二大原則？

6. 請討論全球好市多堅持多少毛利率？為何要如此？

7. 請討論臺灣好市多的電商占全年營收多少比例？電商有何功能？

8. 請討論臺灣好市多的會員經營狀況如何？有多少會員人數？每年續卡率如何？每年會費淨收入多少？會員費收入占全年總獲利多少比例？

9. 請討論臺灣好市多剛開業的前幾年是賺錢或虧錢？如何堅持營運？

10. 請討論臺灣好市多未來展店方向如何？

11. 請討論臺灣好市多最後歸納出勝出關鍵四大要點為何？

12. 總結來說，從此個案中，您學到了什麼？

【個案 2】全臺最大零售龍頭——統一超商經營祕訣

一、卓越經營績效

2024 年度，統一超商的年營收額超越 1,900 億元，年度獲利 95 億元，獲利率為 5%，全臺總店數突破 7,200 家店，遙遙領先第 2 名全家的 4,300 家店。

二、統一超商的六大競爭優勢

統一超商之所以成為臺灣便利商店的龍頭地位及第一品牌，並且遙遙領先競爭對手，主要是它多年來創造了六大競爭優勢，如下：

1. 提供便利、快速、安心、滿足需求的全方位商品力。
2. 建立了完善、合理、雙贏、互利互榮的最佳加盟制度。
3. 具有實力堅強的展店組織團隊及人力，快速展店。
4. 建立完整、強大的倉儲與物流體系，能夠及時配送全臺 7,200 多家店面的補貨需求。
5. 有先進、快速的資訊科技與銷售數量情報系統。統一超商過去投資數十億在建立這種自助化、電腦化、資訊化的軟硬體系統。
6. 引進多元化、便利性的各種服務機制，例如：繳交各種收費、ibon 的數位服務機器、ATM 提款機等，對顧客具有高度便利性。

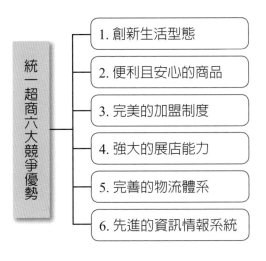

三、統一超商六大核心能力

統一超商能穩健不敗經營，並且不斷向上成長，是因為它有六大核心能力，使其立於不敗之地，如下：

1. 人：訓練有素且服務良好的人才。
2. 商品：完整、齊全、多元、創新的各式各樣商品。
3. 店面：擁有 7,200 多家的門市店，具備標準化，並朝向特色化、大店化的店面發展。
4. 物流與倉儲：在北、中、南擁有全臺及時物流配送能力。
5. 制度：具備門市店標準化、一致性經營的 SOP 制度及管理要求。
6. 企業文化：統一超商具有勤勞、務實、用心、誠懇與創新的優良企業文化，這是它發展之根。

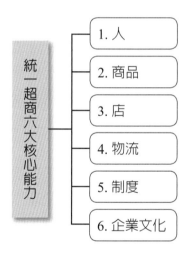

四、統一超商的行銷策略

統一超商擅長於行銷，其主要重點如下：

（一）電視廣告

統一超商每年投入電視廣告約達 3 億元，主要為產品廣告及咖啡廣告；這些巨大的廣告投放量，也累積出 7-ELEVEn 的品牌聲量及認同感。

（二）代言人

統一超商最成功的代言人即是 CITY CAFE 的桂綸鎂；該代言人連續代言 10 多年之久，顯示具有正面效益。CITY CAFE 每年銷售 3 億杯，一年創造 135 億元營收，非常驚人。

（三）集點行銷

統一超商最早期即率先引入 Hello Kitty 的集點行銷操作，非常成功，有效提升業績。

（四）主題行銷

統一超商每年固定會推出「草莓季」、「母親節蛋糕」、「過年年菜」、「中秋月餅」、「端午粽子」……等各式各樣的主題行銷活動，帶動不少業績的成長。

（五）促銷

統一超商貨架上，經常看到買二件八折、買二送一、第二杯半價等各式促銷活動，有效拉抬業績成長。

五、8 項關鍵成功因素

總結歸納，統一超商 30 多年來的成功及成長，主要根源於下列 8 項因素：

1. 不斷創新！持續推出新產品、新服務、新店型。
2. 通路據點密布全臺，帶給消費者高度便利性。
3. 堅持產品的品質及安全保障，從無食安問題。
4. 物流體系完美的搭配。
5. 數千位加盟主全力的奉獻及投入。
6. 7-ELEVEn 品牌的信賴度及黏著度極高。
7. 行銷廣宣的成功。
8. 定期促銷，吸引買氣。

個案重要關鍵字

1. 穩居臺灣零售龍頭領導地位
2. 全臺店數突破 7,200 家店
3. 真誠、創新、共享的企業文化
4. 創新生活型態與便利安心的商品
5. 強大展店能力
6. 完善的物流體系
7. CSR（企業社會責任）
8. 集點行銷、主題行銷
9. 不斷創新

Q&A 問題研討

1. 請討論統一超商卓越的經營績效如何？
2. 請討論統一超商的六大競爭優勢為何？
3. 請討論統一超商的行銷操作為何？
4. 請討論統一超商的 8 項關鍵成功因素為何？
5. 請討論統一超商的六大核心能力為何？
6. 總結來說，從此案例中，您學到了什麼？

【個案 3】臺灣最大量販店 —— 家樂福成功祕訣

一、公司簡介

家樂福於 1959 年創立於法國，1963 年第一家量販店在法國開幕，位居世界第五大零售集團；在法國、其他歐洲國家及臺灣等地，均為當地規模最大且第一名之量販零售業者。

家樂福是法文 Carrefour 的名稱，是取自「家家快樂又幸福」的意思，也是充分呼應家樂福的經營理念。家樂福目前在臺灣已有超過 260 家中型店及 70 家大型店，年營收超過 800 億元。

二、家樂福的三大承諾

家樂福本著會員顧客至上的信念，對會員有三大承諾，如下：

（一）退貨，沒問題

會員於家樂福購買之商品，享有退貨服務；非會員退貨，則須帶發票，並且於購物日 30 天內辦理退貨。

（二）退您價差

只要會員發現有與家樂福販售相同的商品，其售價更便宜，公司一定退差價金額。

（三）免費運送

如果有買不到店內商品的問題，公司一定幫您免費運送。

三、提供 3 種不同店型的銷售據點

家樂福在臺灣，長期以來都是提供 1,000 坪以上的大型量販店型態，目前全臺已有 70 家這種大型店。但近幾年來，為因應顧客交通便利性需求，家樂福也開展 200 坪以內的中型店，目前此店型全臺也有 65 家。此類中型店稱為「Market 便利購」，是以超市型態呈現，將賣場搬到顧客的住家附

近，提供多樣的選擇，給會員顧客輕鬆購買平日所需，讓生活更方便。

另外，因應網購迅速發展，家樂福也開發第三種型態店，即虛擬網購通路；網購通路不用出門，即可在家以電腦或手機直接下單，並宅配到家。目前，家樂福實體店有 800 多萬名會員，而網購也有 70 多萬名會員。

家樂福 3 種營運模式並進

1. 量販店 + 2. 超市 + 3. 網購 ➡ 帶給消費者最大便利及愉悅購物體驗

四、加速發展自有品牌，好品質感覺得到

自 1997 年以來，家樂福即發展自有品牌，並嚴格把關上游製造廠，以每年超過 1,000 次的抽驗，帶給會員顧客高標準的保證，讓顧客感受得到商品的好品質。

家樂福對所有食品的製作流程，都有重要管制點進行監控，食品安全有保障。另外，家樂福對自有品牌的定價也提供親民的平價價格策略，使消費者有物超所值感及高 CP 值之感受。

家樂福自有品牌的名稱，即是取名為「家樂福超值」商品。品項包括了：各式食品、個人衛生用品、家庭清潔用品等，提供給顧客經濟實惠的選擇。家樂福自有品牌的產品品質標榜與全國性製造商品牌一樣的品質水準，但價格至少便宜 5～20%。

五、好康卡（會員卡）

家樂福也提供給會員辦卡，稱為「好康卡」，即為一種紅利集點卡，每次約有千分之三的紅利累積回饋。目前辦卡人數已超過 800 萬張卡，好康卡的使用率已高達 90% 之高，顯示會員顧客對紅利集點優惠的重視。

六、家樂福的 3 項經營策略

（一）從世界進口多元商品

家樂福開設進口商品區，引進世界各國的食品。如果消費者喜歡的商品，但家樂福沒有販售，就可以在現場填寫申請表，讓採購部門研擬進口，家樂福喊出的口號是：「您買不到的東西，就是我們可以代勞的地方。」

家樂福多年來能舉辦紅酒派對試喝活動，就是奠基於自家能提供相對市面便宜的法國紅酒，一樣優良的酒品，價格卻可以是餐廳的 1/5，便宜很多。

（二）嚴選生鮮商品

家樂福也積極引入更多、更安心的生鮮食材，不僅僅是上架，也攜手在地農民，打造合乎歐盟高標準的農場，提供顧客兼具安心與合理價格的產品。

除了提供嚴選生鮮之外，家樂福也持續投注心力增加產銷履歷、有機標章之商品，希望讓消費者有更多安心的選擇。

（三）貫徹 Only Yes 的服務要求

為了提供顧客更加周到的服務，這些年來家樂福持續優化賣場內的購物環境，例如：增設免費室內籃球機、增列清真猶太商品與祈禱室、科技試衣化妝鏡及 Pepper 機器人等。

家樂福貫徹 Only Yes 的服務方針，盡可能解決顧客對商品的需求，例如：單身外宿的顧客需要購買雞肉，可以要求服務人員將一隻雞切成一人可吃的分量。

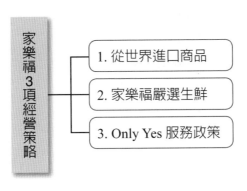

七、未來的 5 種觀點

（一）優化消費者購物體驗

家樂福認為：未來你並非消費者的唯一選擇；因此要不斷優化購物體驗，持續讓自己成為消費者的品牌選項！

（二）競爭是動態

現在到未來，競爭是動態的，並非靜止不變的，需要時時洞察與應變。

（三）全新角度去檢視

心態調整，跳脫以往的經營思維，用全新的角度，去檢視消費者與競爭者。

（四）轉型沒有終點

家樂福在過去幾年，持續優化轉型，歷經千辛萬苦，如今也不會是終點。

（五）未來，是消費者的世界

未來不是通路品牌的世界，而是消費者的世界。

Q&A 問題研討

1. 請討論家樂福的三大承諾為何？
2. 請討論家樂福提供哪 3 種不同店型？為什麼？
3. 請討論家樂福的自有品牌發展如何？
4. 請討論家樂福的好康卡如何？
5. 請討論家樂福的 3 項經營策略為何？
6. 請討論家樂福對未來經營的 5 種觀點為何？
7. 總結來說，從此個案中，您學到了什麼？

【個案 4】全臺第一大電商—— momo 中期 5 年（2024～2028 年）營運發展策略、布局、規劃與願景目標

一、momo：2024 年營收正式突破 1,100 億元大關，進入千億元零售俱樂部及全臺第四大零售公司

富邦 momo 電商（網購）公司在 2024 年度的年營收額，正式突破 1,100 億元，年獲利也達到 45 億元，EPS（每股盈餘）達 15 元。（註：momo 為富邦媒體科技公司。）

momo 年營收高達 1,100 億元，已超越新光三越百貨的 930 億元、SOGO 百貨的 520 億元、遠東百貨的 620 億元，以及家樂福的 800 億元；僅次於統一超商的 1,900 億元、全聯超市的 1,700 億元、臺灣 COSTCO（好市多）的 1,200 億元，晉升為全臺第四大零售業公司，成就非凡。目前，為上市公司股價最高的零售公司。

二、對未來業績成長看法

對 momo 公司的未來業績是否繼續成長的看法，momo 總經理谷元宏表示：

(一) 相對於美國亞馬遜電商及中國電商，市場滲透率都超過一半以上，臺灣則大約只占 30% 左右，未來仍有成長空間。不過，由於 momo 年營收已達 1,100 億元，未來的成長空間恐不會有 20～30% 的高成長率，反而可能落在 5～10% 的一般性成長率之間。

(二) 至於近年疫情解封之後，消費者出國旅遊多、餐飲聚餐多、實體大型賣場增多、全球升息及全球通膨等因素下，可能多少也會瓜分到臺灣電商市場的產值。

三、加速擴大「mo 幣生態圈」，深耕會員

谷元宏總經理表示，未來幾年將加速擴大 mo 幣生態圈，以深耕會員黏著度。

mo 幣在 2024 年發行量已超過 100 億元，momo 聯名卡也已突破 100 萬張卡，第一圈 mo 幣將擴及台灣大哥大電信、富邦金控關企及凱擘大寬頻有線電視等會員資源，以及享受各關企帳單折抵優惠。

未來第二圈 mo 幣則會擴展到供應商及各大品牌等合作廠商的資源。

谷元宏總經理表示，「mo 幣生態圈」目標，就是要模仿日本最成功的「樂天集團點數生態圈」。日本樂天的紅利點數，可以適用在樂天的電商、電信、職棒、信用卡、銀行、旅遊等線上＋線下的服務。目前，樂天全球會員數已超過14億人，並且遍及30個國家，形成一個成功的點數經濟生態圈。

四、持續擴增物流倉儲據點建設，鞏固全臺 24 小時快速宅配能力

目前，momo 公司在全臺已達 58 座物流倉儲中心，到 2025 年，將擴增到 61 座之多，包括：20 座主倉、40 座衛星倉及 1 座大型物流中心。屆時，將足供年營收到達 1,500 億元的成長空間之用。

五、強化物流 AI（人工智能）運算能力，提升物流操作效率

谷元宏總經理表示，除了擴增建設全臺 61 座大、中、小型物流倉儲據點之外，更要加強全球正在流行的 AI 機制。亦即，要導入 AI 物流運算能力，優化倉儲精準管理、強化運輸管理，提高到貨效率、正確配置商品到倉儲，及準確到宅時間等功能的加強。

六、搶進直播市場，增加直播收入

momo 自 2023 年起，已開始搶進直播市場，利用直播去展演各項產品的特色、功能及好處，增加一部分對直播有興趣的會員來觀看及下單。直播人員則以 momo 原有電視購物臺的主持人，再加上外部的網紅合作來直播帶貨。

目前，momo 商場上有高達 350 萬個品項，很多產品是消費者不了解的，而透過直播的方式，可以促進消費者的了解，有效增加下單的可能性。

七、持續「物美價廉」政策，滿足廣大庶民消費者對低價的需求

momo 電商成立 20 多年來，最初即以「物美價廉」為基本營運政策，以提供「穩定品質」+「低價／平價」的商品在擁有數千萬人口的庶民大眾心中定位。果然，此基本政策，已成為過去 momo 的業績能夠快速成長的一個重要原因。未來，momo 仍將堅持此項初心，提供「物美價廉」的商品給廣大庶民消費者，以滿足他們的真實需求。

八、持續擴增品牌數及品項數，讓消費者想買什麼商品，都能立刻買得到

谷元宏總經理表示，momo 現有品牌數已達到 2.5 萬個品牌，而品項總數更高達 350 萬個以上。未來幾年，仍將持續擴增各種大、中、小型品牌數及其品項數，讓消費者想買什麼商品，都能立刻買得到。例如：一些歐美名牌精品、彩妝保養品、國內書籍等，都已陸續引進上架了，目前只有超市的生鮮產品尚未大幅運作，但這已納入未來的目標。

九、持續促銷檔期活動，有效提升業績成長

momo 非常重視每次重要促銷檔期活動，並以真正折扣優惠，回饋給會員。例如：雙 11 節、雙 12 節、年終慶、母親節、春節、父親節、情人節、中秋節、聖誕節，以及每天的限時、限量低價優惠活動，都能成功拉升業績。

十、保持 9 成高回購率，深耕會員貢獻度

谷元宏透露，目前 momo 每年營收額中，有高達 9 成業績來源，是由現有的 1,100 萬名會員所貢獻的。因此，momo 未來仍將持續鞏固、強化既有 1,100 萬名會員對 momo 的高回購率、高信任度、高滿意度及高優良形象。

十一、持續優化資訊 IT 介面，更提升快速瀏覽、下單、結帳滿意度

momo 另一個受會員肯定的成功要素，就是它在資訊 IT 介面及流程設計上的便利性與快速性，使會員們能很快速瀏覽、下單、結帳，達成對 IT 資訊介面的高度滿意。

十二、拉大與第二名競爭對手差距，遙遙領先

幾年前，臺灣第一名的電商公司原是 PChome（網家）公司，但近 5～6 年下來，PChome 的營收額已被 momo 超越；PChome 在 2024 年度營收額為 430 億元，遠遠落後於 momo 的 1,100 億元，PChome 未來要再追上，已是不可能的事了。

十三、不斷提高優良人才團隊與組織能力，保持人才領先

谷元宏總經理表示，momo 成功很大因素，就是他們擁有一支很好、很強大的人才團隊，以及其 20 多年累積下來在電商產業的強大組織能力，包括：商品開發、資訊 IT、營業、物流倉儲、行銷、售後服務等多個部門的人才團隊，這是任何競爭對手很難超越的。

十四、2030 年營收願景目標：達成 1,500 億元營收業績

momo 在 2022 年正式突破 1,000 億元營收大關，邁入國內第四大零售業公司；面對未來 2030 年的營收目標，更訂定出挑戰 1,500 億元的願景，朝國內第三大零售業公司努力邁進。

十五、結語：統一企業集團董事長羅智先稱讚全聯及 momo 都是了不起的成功公司

國內最大的食品／飲料／流通集團統一企業董事長羅智先，近來稱讚全聯超市及 momo 電商，都是懂得消費者需求及能夠創新經營的成功公司，

相當了不起，這也是肯定了這二家公司的卓越經營表現。統一企業集團在 2024 年度的集團合併總營收高達 6,000 億元，是國內在傳統民生商品的第一大製造業公司，也是轉投資統一超商及家樂福量販店成功的優良企業集團。

Q&A 問題研討

1. 請討論富邦 momo 在 2024 年度創下史上新高的年營收額為多少？
2. 請討論谷元宏總經理對 momo 未來業績成長的看法為何？
3. 請討論「mo 幣生態圈」發展的內容為何？主要效法日本哪一家企業？
4. 請討論 momo 未來持續擴增物流倉儲的狀況如何？以及為何加強 AI 運用？
5. 請討論 momo 如何及為何搶進直播市場？
6. 請討論 momo「物美價廉」的政策為何？
7. 請討論 momo 現在品牌數及總品項數為多少？
8. 請討論 momo 促銷檔期主要有哪些？
9. 請討論目前 momo 現有會員數對每年業績貢獻占比為多少？為何如此高？
10. 請討論 momo 在資訊 IT 介面及流程設計得如何？
11. 請討論臺灣電商第二名是誰？距離第一名 momo 有多遠？
12. 請討論 momo 的成功因素之一的優良人才團隊，有哪些重要部門？
13. 請討論 momo 在 2030 年的營收願景目標為何？
14. 請討論統一企業集團董事長羅智先如何稱讚 momo 及全聯公司？
15. 總結來說，從此個案中，您學到了什麼？

【個案 5】統一超商集團持續成長、成功的經營祕訣

一、最新經營結果

2022 年度，統一超商集團的經營績效成果如下：

1. 合併營收額：高達 2,900 億元。
2. 合併營業淨利：123 億元。
3. 合併稅後淨利：110 億元。
4. 合併 EPS：8.9 元。
5. 股價：270 元。
6. 本業營收額：1,900 億元（統一超商本業營收，非合併營收）。
7. 本業淨利率：3.5%。
8. 本業稅前獲利率：5.5%。
9. 本業獲利額：63 億元。

在 2023 年第一季，統一超商集團合併營收額達 755 億元，年成長率為 11%；第一季合併獲利額達 28 億元，年成長率高達 30%，獲利大幅成長。

而在總店數方面：

1. 統一超商本業：6,900 家店（2023 年）。
2. 統一超商國內外及轉投資合併總店數：1.18 萬家店。

二、經營績效成果優良的原因

而統一超商集團，在 2022 年度及 2023 年第一季，均繳出很好且成長的營收額及獲利額的主因有：

1. 臺灣及全球疫情解封，經濟活動回復正常。
2. 鮮食業績成長 2 成，得利於與五星級大飯店聯名成功。
3. CITY 系列飲品及咖啡成長 1 成。
4. 持續擴張展店數，每年成長 200～300 家店。
5. 轉投資子公司，如：星巴克、康是美、黑貓宅急便、菲律賓 7-ELEVEn

等，均持續創造出好營收及好業績。

三、OPENPOINT 會員點數生態圈發展狀況

統一超商集團的 OPENPOINT 會員紅利點數，近來發展的狀況，重點如下：

1. 已有 1,600 萬名會員。
2. 目前會員數占整體總營收的貢獻額度占比為 6 成。
3. 會員的消費額每年都成長 20%。
4. 點數流通規模成長 6 倍。
5. 點數已可跨集團旗下的 20 種通路使用。
6. 點數可折抵的範圍日益擴大，包括代收規費也可抵用。

四、持續努力及成長方向

統一超商集團在 2025～2030 年的持續努力及成長方向，包括以下幾項：

1. 持續強化全方位的經營實力與競爭力。
2. 持續投入更多資源在：
   (1) 商場開發（例如：高速公路休息站內的商場標租）。
   (2) 大型物流中心建設。
   (3) 企業間的資源整合。
3. 持續開發創新服務與差異化商品。
4. 深耕 OPENPOINT 會員紅利點數生態圈，以鞏固會員忠誠度及提升回購率。
5. 持續整合線下＋線上購物的便利性及體驗性。
6. 積極打造消費者期待的生活服務平臺。
7. 持續展店、擴店，從目前的 7,200 家店，邁向 8,000 家店的目標前進，甚至是未來 9,000 家店的挑戰目標。
8. 持續開發話題夯品（例如：五星級大飯店聯名鮮食、珍珠奶茶、思樂冰、霜淇淋等）。
9. 推出平價專區，以超值優惠滿足廣大庶民大眾生活需求。

10. 轉投資事業持續成長（包括：星巴克、康是美、菲律賓 7-ELEVEn、黑貓宅急便……等）。

11. 持續落實 ESG 永續經營、節能減碳、綠色經營等全球議題。

12. 持續加強行銷與廣告的操作，以發揮更大助攻效果。

Q&A 問題研討

1. 請討論統一超商集團在 2022 年度及 2023 年第一季的優良經營績效如何？

2. 請討論統一超商創造優良經營績效的原因有哪些？

3. 請討論統一超商 OPENPOINT 會員點數生態圈的發展狀況如何？

4. 請討論統一超商未來持續努力及成長的 12 項方向如何？

5. 總結來說，從此個案中，您學到了什麼？

【個案 6】寶雅營運續創新高，未來 5 年成長策略

一、業績及股價創新高

2023 年第一季，寶雅公司季營收達到 53 億元，較 2022 年第一季營收的 47 億元，成長 12.3%，創下成立以來，單季的最高營收。而其上市的股價也升高到 580 元，是美妝百貨股的最高股王。

二、業績成長 7 點原因分析

根據寶雅公司自己發布的訊息顯示，寶雅在 2023 年第一季創下史上業績新高的原因，有以下 7 點：

（一）持續展店增加效益

在 2023 年 4 月，最新的數據顯示，寶雅全臺店數已達到 330 家店，旗下另一品牌寶家五金百貨的店數，也有 40 家店，二者合計 370 家店之多；由於店數持續增加，總營收也就持續上升。

（二）既有店營收也成長

除展店增加營收外，既有店的營收，也較去年同期有所增加。

（三）疫情解封，正面影響

全球及臺灣的新冠疫情，從 2022 年下半年開始逐步解封；大家被疫情困了 2 年半，終於回復正常外出生活及消費購買，使得市場景氣回復到 2019 年的時候。

（四）2023 年第一季假期多

2023 年第一季，正逢過年長假 9 天，以及 228 連續假期及清明節連假，使消費大幅成長。

（五）展開新店型成功

從 2022 年下半年起，寶雅推出以美妝產品為主力的「POYA Beauty」新店型，成功帶動新業績成長。

（六）出國旅遊增加，帶動日用品成長

由於 2023 年第一季，國人出國旅遊大幅增加，使得對日用品及出國旅遊產品的購買也增多。

（七）桃園＋高雄物流中心支援全臺 400 家店的商品配送

寶雅在最近 5 年內，在桃園及高雄建立大型物流倉儲中心，可支援全臺 400 家店的商品配送。

三、美妝新店型加速展店

寶雅在 2023 年 4 月上旬，已開設美妝專門店（POYA Beauty）7 家店，而且能夠成功營運，帶動新業績成長；未來將進駐更多大型購物中心、大型百貨公司，以及鬧區商圈等地點，全力加速美妝專門店的拓展，帶給寶雅公司業績再成長的新契機，突破既有藥妝店市場飽和的困境。

四、未來八大努力方向與營運策略

寶雅公司未來的八大努力方向及營運策略，如下：

（一）持續產品組合的優化行動

如何留下好賣的商品，淘汰掉不好賣的產品，並持續引進國內外好賣的商品，如此，才能提高每日銷售好業績。

（二）持續展店，總目標最終達成 500 家店

寶雅曾推算過，5 年後，寶雅總目標店數將邁向 500 家店，試算如下：

2,300 萬人 ÷4 萬人一家店＝ 575 家店。

575 家店 ×70%（扣除小孩人數）＝ 400 家店。

400 家店＋ 40 家店（大型購物中心）＋ 60 家店（小型郊區店）＝ 500 家店。

（三）深耕 600 萬名會員，鞏固回購率及忠誠度

寶雅目前持有會員卡及 App 下載人數，計有 600 萬人之多；如何給予更多累點優惠、折扣優惠、價格優惠，以鞏固會員們的忠誠度及回購率，成為極重要之事。

（四）加強既有門市店升級

將持續在既有的 370 家店內，設立美妝區及熱銷品區，以便加強會員們的搜尋體驗。

（五）持續專注女性消費主力客群

寶雅目前有 8 成以上的消費主力都是 15～49 歲的女性客群，未來仍將持續專注做好此主力客群的需求，提供包括商品、服務、會員優惠及良好的體驗。

（六）提升官方線上商城銷售占比，做好 OMO 全通路行銷

寶雅提供「POYA Buy」官方線上商城，目前營收占比僅占 1 成，未來將加強行銷／促銷活動，希望提高占比到 2 成，確實做好 OMO（線下＋線上）全通路行銷的目標。

（七）完整數位布局

寶雅自 5 年前，即展開數位化布局，拓展寶雅 App、寶雅支付 POYA Pay，以及寶雅線上商城等數位化工具，也是希望跟上數位化時代，帶給會員們更好的數位化體驗。

（八）持續提高客單價

著手寶雅店內商品組合的優化、數位化轉型，及加強節慶促銷活動等操作，就是希望持續提高來客的平均客單價，如此，就能提高每月總營收數字。

五、結語：持續保持國內美妝百貨連鎖店第一大領導地位

　　寶雅＋寶家的 2023 年總營收額已突破 200 億元，已領先屈臣氏及康是美二家公司，成為國內美妝百貨連鎖店的第一大領導地位，而且股價高達580 元之高，遙遙領先尚未公開上市櫃的屈臣氏及康是美公司。

　　展望未來，寶雅公司已策畫好上述八大努力方向及營運策略，未來 10年到 2033 年止，寶雅或許仍能居於美妝百貨連鎖店的冠軍寶座。

Q&A 問題研討

1. 請討論寶雅在 2023 年第一季營收創下歷史新高的狀況及原因為何？
2. 請討論寶雅近期推出什麼新店型？
3. 請討論寶雅未來的八大努力方向及營運策略為何？
4. 請討論寶雅的結語為何？
5. 總結來說，從此個案中，您學到了什麼？

【個案 7】國內第一大超市——全聯成功的經營祕訣

一、堅持低價、便宜、微利

全聯董事長林敏雄接手全聯以來，他就堅持「低價」、「便宜」、「微利」、「省錢」的根本原則，要求全聯訂價必須比市場行情便宜 10～20%。他相信，只要少賺一點，管理成本再低一點，自然就能便宜點，廣大消費者就能因此受惠。

因為林董事長是從照顧消費者出發，全聯的商品雖然低價，但是品質絕不打折，「實在眞便宜」是他對消費者不變的承諾。

全聯能堅持低價策略，獲得供貨廠商的支持非常重要，雙方攜手合作，共同茁壯成長，他們追求的是全聯、消費者及廠商的三贏。

二、臺灣第一大超市通路

原本附屬在政府公家單位，被業界視為最沒競爭力的軍公教福利中心，在林董事長接手後，5 年趕過原超市龍頭頂好超市，15 年超越量販店第一名的家樂福，如今穩居國內第一大超市通路。

再從數字上看，林董事長接手之初，全聯只有 66 家門市，年營收為 127 億元，如今總店數已達 1,200 家店，2024 年營收額 1,700 億元。

三、全聯成功翻身二大關鍵

全聯能夠從最初的困境中成功翻身，一路成長茁壯，主要有二大關鍵點：

（一）公司發展方向正確

全聯堅持厚植「規模力」，經由門市版圖不斷擴展，成為供應商不能忽視的通路，既能促成業績水漲船高，又能降低營運成本。

（二）團隊協力合作

前線營業人員積極衝刺，把全聯當做自己的事業在打拼，再配合後勤同事的最佳支援，才能在超市通路打下難以撼動的地位。

四、價格是紅色底線

每一個全聯人都知道，林董事長有接受不同意見的胸襟，唯一不能挑戰的紅色底線，即是「價格」！

為了在價格上把關，全聯內部商品部門有一支查價部隊，專門查訪其他通路的 DM 傳單，營業部門也會派同仁去各地大小店家查價，加上消費者也經常主動回報，只要看到別人的產品更低價，全聯立即跟進。查價、調價，天天進行，就是要做到「實在真便宜」。

全聯淨利只抓 2%，售價比別人便宜 20%。事實上，價格便宜，也是當時全聯在強敵環伺下唯一的生存之道。

五、每月結帳，贏得供應商信賴

全聯不同於一般量販店開出長達 3 個月甚至 6 個月的支票票期給供應商；全聯是每個月結帳，直接現金匯款，從來沒有慢過一天。最終贏得上游供應商的信賴，從而在價格上全力配合全聯的要求。

六、快速展店祕訣

林董事長決心用店數規模去迎戰當時的量販店，也採取「以鄉村包圍城

市」的戰術，在中南部鄉鎮地區展店，是全聯的關鍵切入點。這些外圍地區，大型量販店比較不願意涉足，而且店面好找、租金便宜，甚至因為可以促進地方繁榮與就業，只要開店都大受在地鄉親歡迎。雖然全聯在中南部展店頗有斬獲，卻一直苦於無法打進桃竹苗地區，一直到 2004 年，在該地區擁有 22 家分店的楊聯社有心出讓，林董事長決心收購它。事後證明，這次收購是非常正確的決定。

　　果然，透過後來的快速展店，累積了全聯作為大型通路的實力，在開展第 250 家店後，全聯開始達到損益平衡，業績向上拉出成長曲線，迄 2024 年 12 月，全聯總店數已突破 1,200 家店。

七、開展投入生鮮門市

　　林董事長也看見了乾貨市場的限制，畢竟消費者不可能為了買衛生紙、洗衣精等這些乾貨而天天進全聯。因此，該如何吸引顧客天天上門呢？林董事長經常出國，他仔細觀摩國外超市的作法，對全聯下一步該怎麼走，找到了明確的方向——2006 那年，他下定決心發展生鮮。

　　2006 年，他收購日系「善美的」超市，引進處理生鮮的人才；2007 年，透過收購臺北農產運銷公司的超市，學習蔬果物流體系作業。2008 年，全聯正式引入生鮮產品，以每年增加 100 家生鮮店的速度，快速發展生鮮事業。

　　全聯投資重金，在全臺打造三座魚肉生鮮處理廠及三座蔬果商品處理中心，確實在品質上做好把關，要用「今天生產、今天到貨」的新鮮度，讓精打細算的家庭主婦，願意上全聯買菜，全聯矢志打造全亞洲最先進的物流系統。

八、與廠商是生命共同體

　　上游廠商願意配合全聯寄賣模式、願意共同讓利，全聯才能靠著實在眞便宜打出江山。林董事長經常提醒部屬，廠商及全聯是生命共同體，一定要讓廠商賺到錢。要讓廠商賺到錢，最實在的方法，莫過於讓產品熱賣；因此，全聯積極和廠商合作，挖出產品的魅力，並常做行銷活動，推薦給更多

顧客。

　　如今，全聯破 1,200 家店，這龐大的店數，就是影響力，也是全聯讓廠商賺錢的最佳保證。

九、全聯的行銷學

　　全聯的行銷學，主要有三大要點：

（一）電視廣告

　　2006 年，全聯決定請奧美廣告公司製作企業廣告，找到一位素人代言人，即是全聯先生，並以「便宜一樣有好貨」作為宣傳口號。播出後，全聯先生果然一炮而紅，連帶全聯也打開全臺的知名度與品牌形象。

（二）創意行銷

　　2015 年推出「全聯經濟美學」系列廣告，將全聯一貫主打的省錢形象，變得更年輕、更有時尚感。另外，也推出各種「主題行銷」，例如：「咖啡大賞」、「衛生棉博覽會」、「健康美麗節」、「中元節」、「春節」等活動，也都非常成功。

（三）集點行銷

　　2018 年，全聯推出廚具集點換購活動，4 個月累計換購 147 萬件商品，創下最高記錄，也帶動業績的上升。截至目前，全聯每年都會推出一檔集點換購活動，都非常成功。

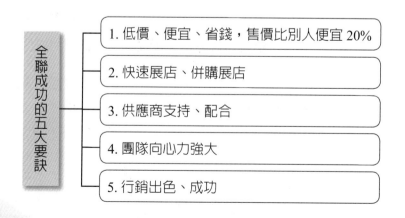

全聯成功的五大要訣
1. 低價、便宜、省錢，售價比別人便宜 20%
2. 快速展店、併購展店
3. 供應商支持、配合
4. 團隊向心力強大
5. 行銷出色、成功

十、全聯的人才學

　　林董事長對全聯的人才是非常重視的，歸納出下列幾點全聯的人才學：

1. 尊重專業，善納雅言。
2. 信任員工，充分授權。
3. 用人大膽。
4. 看人看優點，把人才放在對的位子上。
5. 將成功歸功於全體員工。
6. 大量雇用二度就業婦女。
7. 肯學習，就有晉升機會。
8. 用心溝通，促進共識。

個案重要關鍵字

1. 堅持低價、便宜、微利
2. 臺灣第一大超市通路
3. 公司發展方向正確
4. 團隊協力合作
5. 淨利只抓 2%，售價比別人便宜 20%
6. 每月結帳，贏得供應商信賴
7. 快速展店、收購展店
8. 投入生鮮事業
9. 全聯行銷學、集點行銷、主題行銷
10. 信任員工、充分授權

Q&A 問題研討

1. 請討論全聯成功的五大要訣為何？
2. 請討論全聯經營的根本原則為何？什麼是紅色底線？
3. 請討論全聯為何能贏得供應商的信賴？
4. 請討論全聯快速展店的祕訣為何？
5. 請討論全聯為何要投入生鮮門市？
6. 請討論全聯的行銷操作有哪些？
7. 請討論全聯的人才學為何？
8. 總結來說，從此個案中，您學到了什麼？

【個案 8】SOGO 臺北忠孝館老店新開，力挽東區，重返榮耀

一、花費 2 億元，進行改裝

走進 SOGO 臺北忠孝館一樓化妝品專區，占地 200 多坪，挑高的天花板，雙色交錯的明鏡及琥珀鏡，使室內更明亮、寬敞，擺脫過去擁擠、陳舊、通道狹窄的印象。包括二樓新增的香水香氛區及女鞋區，七樓新增男性保養品區等，共斥資 2 億元。現在，它就像是一個全新的店。

SOGO 臺北忠孝館一樓彩妝區開業 30 多年來，幾乎從未大改過，這次卻破天荒，籌備 3 年，前置作業 1 年，封樓層 30 天。

爲了讓老顧客適應這段過渡期，施工期間，他們費心將美妝區搬到空間寬廣的 12 樓，並提供直達電梯及清楚的指引，各品牌也維持既有的產品及服務，降低裝修階段的不便感。

這次改裝，處處可見巧思，以一樓美妝區來說，走道寬度看起來變大，但既有品牌沒減少；天花板挑高，原先樓高僅 250 公分，裝修後提高到 320 公分，氣勢截然不同。

而櫥窗大面積落地窗，能從外面透視進來，全天都能一覽百貨內部明亮陳設，賣場通透感得到提升，以吸引過路客。

SOGO 臺北忠孝館 30 多年來，一樓化妝品專區從未改裝 ➡ 耗資 2 億元，一個月施工期，成功改裝，吸引更多人流

二、赴國外考察

遠東 SOGO 百貨公司董事長黃晴雯自己在規劃改裝時，便親自跑到倫敦、香港、日本考察當地最知名百貨公司的營運及裝潢，以作爲忠孝館改裝

的借鏡參考。

三、引進精品櫃，通吃粉領族及貴婦

為了讓 SOGO 原來主客群 31～50 歲的年齡層能上下拓展，為此，過去沒有精品專櫃的忠孝館，這次更新增 5 家國際精品品牌；其中最大的亮點，就是引進 Hermès（愛馬仕）彩妝專櫃，希望通吃貴婦及年輕粉領族。

相較於對面的 SOGO 復興館走高端精品路線，忠孝館則是在引進精品期間，發現了「精品生活化」的趨勢。他們觀察到因為新冠疫情關係，不少精品品牌希望擴展客源，開始推出價格親民及好入門的款式，如這次引進的 Hermès 彩妝，就有很多入門款，能讓不同客群在生活中，都能享有一種高貴不貴的犒賞，SOGO 忠孝館也藉機轉型為具有精品的百貨公司。

四、改裝後，業績成長 20%

SOGO 臺北忠孝館改裝後，果然不負眾望，開幕 2 天，業績成長 20%，因為客人停留時間拉長了，也獲得了舒適的服務體驗，而且有了更好、更棒的購物空間與視覺享受。

預估改裝後，全年業績可成長 10%

全年 500 億元業績，可成長到 520 億元，並帶動客層年輕化

五、振興東區商圈

雖然臺北信義商圈近年來快速發展，但東區商圈仍有寶雅、NET、新光三越以及 UNIQLO 旗艦店來插旗，東區仍受商家青睞。

　　為了挽救東區人潮，臺北市東區商圈發展協會推動忠孝東區振興計劃，包括忠孝館後方的綠廊帶及瑠公公園，均會重新改建。

　　黃晴雯董事長表示，她們自我定位好「東區商圈的客廳」，歡迎所有人來逛，SOGO 忠孝館的改裝，若能增加消費者前來意願，消費者也有機會順便逛逛東區，以帶動周邊店家業績。

　　黃董事長預估 SOGO 忠孝館裝修後，全年將可提高 10% 業績。這家全臺最高坪效的第一名百貨公司，是否能振興東區重返榮耀，值得拭目以待。

六、結語：改裝效益

　　總結來說，此次 SOGO 臺北忠孝館之改裝，預估將可得到以下幾點效益：

1. 可提高顧客購物舒適感及好感。
2. 可提高顧客滿意度。
3. 可提高顧客的回店率及回購率。
4. 可帶進年輕新客層。
5. 最終，可提高全年營業額。

Q&A 問題研討

1. 請討論 SOGO 臺北忠孝館，花費 2 億元進行改裝的狀況如何？
2. 請討論 SOGO 臺北忠孝館曾赴哪些國家考察？
3. 請討論 SOGO 臺北忠孝館，引進歐洲哪個知名品牌的彩妝專櫃？
4. 請討論 SOGO 臺北忠孝館改裝後，每年業績可成長多少？
5. 請討論振興臺北東區商圈的狀況如何？
6. 請討論 SOGO 臺北忠孝館改裝後的五大效益為何？
7. 總結來說，從此個案中，您學到了什麼？

【個案 9】SOGO 百貨保持永續成長的經營策略

一、公司簡介

SOGO 成立於 1987 年，於 2002 年加入遠東集團，善用集團資源，發揮加值綜效，日益精實壯大。遠東集團百貨零售事業全方位整合「百貨」、「量販」、「購物中心」及「超市」成為一體，滿足「全客戶群體服務」，將總體營運規模極大化。面對未來百貨業外部環境的變化，多元化複合式零售商場的興起，電子商務及行動消費成為購物的趨勢與習慣，SOGO 積極將發展數位行銷及全通路平臺成為營運目標，期望滿足顧客的需要。

SOGO 百貨為國內第三大百貨公司，2024 年營收額為 520 億元，僅次於新光三越的 930 億元及遠東百貨的 620 億元。

SOGO 百貨全臺有：臺北忠孝館、復興館、敦化館、天母館、桃園中壢館、高雄館、新竹館等，2023 年底又開幕臺北大巨蛋館，共計 8 個館；加上中國有 5 個館，包括上海館、重慶館、大連館、北京館、成都館。SOGO 百貨在兩岸總計有 13 個大館。

臺北 SOGO 三大館的年營收額，分別是：臺北復興館 190 億元、臺北忠孝館 110 億元、臺北敦化館 30 億元。

二、SOGO 臺北大巨蛋館展開營運

SOGO 百貨租下臺北大巨蛋館營運，其商場面積達 3.6 萬坪，是臺北市面積最大的百貨公司。它不僅是購物中心，更是生活聚落，包含：購物、餐飲、娛樂、親子、運動、有趣、文化、書店等元素，打造一個可以玩一整天的生活場域；地下更計有 2,200 個汽車及 3,800 個機車停車位。

SOGO 百貨大巨蛋館又與東區的忠孝館及復興館連結在一起，與臺北信義區百貨商圈，形成臺北市最大的二個百貨商圈。因此，SOGO 百貨大巨蛋館一開始又稱為「SOGO CITY」。

三、SOGO 保持永續成長的 12 個經營策略

SOGO 百貨已有 35 多年歷史，它始終能保持不錯與穩定的業績表現，主要是秉持著以下 12 個重要經營策略：

（一）定期改裝策略

SOGO 百貨忠孝館在 2022 年進行一樓化妝品專櫃區及地下二樓超市的裝潢更新，投入 2 億元改裝工程，形成更明亮、更流行的空間體驗。另外，SOGO 百貨每年也會定期更換舊專櫃，引進新專櫃，以保持與時俱進的精神以及新鮮感。

（二）增加餐飲占比策略

最近幾年來，百貨公司餐飲化趨勢十分明顯，很多新的百貨公司及購物中心都把餐飲占比拉到 30% 及 40% 之高，因爲餐飲的生意很好。現在，臺北市各大百貨公司餐飲生意也快速高升到第一名的業種，第二名是化妝保養品，第三名則是名牌精品類。

SOGO 百貨近幾年來，也努力拉高餐飲占比，成功爭取年輕人到百貨公司來消費。

（三）承租臺北大巨蛋館策略

SOGO 百貨成功爭取到臺北大巨蛋館，已在 2024 年逐步展開營運，此館每年預計可爲 SOGO 百貨帶來 100 億元營收，再加上原有的 520 億元營收，合計變成 620 億元營收，目標成爲國內第二大百貨公司，此策略算是極爲成功的。

（四）深耕會員策略

SOGO 百貨營運 35 多年來，已有一群很死忠、高忠誠度的主顧客群及會員。這些主顧客群，每年爲 SOGO 百貨年營收額帶來占 80% 高比例的貢獻度，是極其重要的一批主顧客及會員。

（五）擴張年輕客群策略

主顧客群老化，是 SOGO 百貨一個很大的不利問題。SOGO 百貨忠孝館已創立近 40 年了，這些當年才 20〜40 歲的主顧客群，如今都已經 60〜

70 歲了。因此，SOGO 臺北忠孝館極須引進年輕客群，以為替補。

　　SOGO 百貨採取的策略，主要有：

1. 增加餐飲占比，有效拓增年輕人到百貨公司消費。

2. 增加年輕人喜歡及有需求的新專櫃，帶動年輕人到百貨公司逛街。

3. 定期改裝、更新裝潢，吸引年輕族群。

4. 增加數位化工具，例如：推出 SOGO App 應用、SOGO 線上商城，以及
　 增加官方粉絲團小編與粉絲們的互動性。

（六）辦好節慶、節令促銷檔期活動，達成業績目標策略

　　每年推出的各種節慶、節令的促銷檔期，對百貨公司的業績目標達成都
是非常重要的。

　　例如，年底光週年慶一個促銷檔期，就占百貨公司年營收的 25～30%
之高。再如，每年 5 月的母親節、1 月的春節，以及聖誕節、中秋節、端午
節、情人節……等節慶，也都是很重要的促銷檔期。此時，SOGO 百貨公司
也會端出最優惠折扣價格的專屬產品，以及各種來店禮、滿額贈、滿萬送
千、刷卡禮、紅利點數加倍送等措施，以創造更大的業績收益。

（七）禮遇 VIP 貴賓策略

　　SOGO 百貨每年刷卡 30 萬元以上消費額的顧客，都可以申請成為 VIP
貴賓，目前已有 3,000 多人，這一批人也算是 SOGO 百貨很重要的、貢獻
度高的一批貴客。SOGO 百貨每年更針對這批貴客，給予更多禮遇及優惠待
遇，希望能長期留住這 3,000 多位貴客。

（八）深化服務品質策略

　　SOGO 百貨的服務品質一向做得很好，包括：電梯小姐、專櫃小姐、樓
管人員及服務中心人員等，都有受過訓練及工作要求，所以能夠確保一流的
服務品質，顧客的滿意度當然也很高。未來，SOGO 百貨仍將持續深化服務
品質，達到臺北最佳服務的百貨公司。

（九）重視坪效策略

　　SOGO 臺北忠孝館是全臺坪效最高的百貨公司，位於對街的復興館則是
坪效第二高的百貨公司。坪效代表了一家百貨公司的經營績效，坪效愈高，

代表每坪所創造出來的業績營收就愈高，此亦顯示，SOGO 百貨公司對每個樓層、每個專櫃、每間餐廳、每座美食街的要求水準都是很高的；每個櫃位，都一定要有價值存在、有顧客的需求，才能繼續留存下去。

重視坪效，就表示注意到任何一個地方存在的效益好不好、高不高了，此策略當然非常重要。

（十）全體員工思維革新策略

SOGO 百貨黃晴雯董事長認為，已經 35 多年的 SOGO 百貨公司，最急迫須要改革及革新的，就是員工的思維、思想。她認為員工絕對不能守舊、保守、官僚、不改革、一直走老路、走舊路、持老化思想，一定要從員工的思維上、想法上，徹底改革、改變、革新及創新才行。尤其，百貨公司是走在時代最前端、最時尚、最新穎且引領消費潮流的行業，更必須擁有與時俱進、不斷求進步、不斷創新的新思維及新作為才能長久存活下去。

（十一）永保危機意識及居安思危

企業經營最怕的就是在成功的時候，太過放鬆、鬆懈、驕傲、自大、目中無人、怠惰、不求進步等狀況發生。因此，任何行業及百貨公司也是一樣，必須「永保危機意識」、必須「居安思危」，如此，就不會鬆懈及自大了，反而能持續保有兢兢業業的心態，追求每一天的進步及再進步，領先再領先。

（十二）邁向 ESG 永續企業經營

在全臺所有百貨公司中，SOGO 百貨是最用心去實踐 ESG 永續企業經營的公司。這包括：E（環境保護、減碳、減廢、綠色企業）、S（社會關懷、弱勢救助、回饋本土）、G（公司治理、透明正派經營）。

四、經營理念

SOGO 百貨在其官網上，揭示了 4 項經營觀念，如下：

1. 高品味、高格調。
2. 產品豐富、氣氛明朗。
3. 親切體貼、安全舒適。

4. 正派誠懇、值得信賴。

五、SOGO 的永續關鍵 6 力

SOGO 百貨以永續關鍵 6 力，作為永續發展之主軸，如下：

（一）創新經營力

在 2017 年邁入 30 週年的 SOGO，持續以永續經營的態度及創新的精神，朝營運獲利最佳的願景邁進。在百貨零售業的激烈競爭下，SOGO 仍透過靈活的營運管理與區域整合，以及領先導入創新科技等策略，締造百貨龍頭與百貨企業社會責任模範生之品牌形象。

（二）優質商品力

SOGO 致力於提供豐富的商品，滿足全客層的購物需求，透過招商評選優良專櫃廠商，並簽署《供應商企業社會責任承諾事項》等領先業界的專櫃與商品管理程序，讓顧客安心購買，同時與廠商維持共好的夥伴關係。

（三）感動服務力

SOGO 百貨展現日系百貨精神，以無微不至的關心來滿足顧客的需求，包括服務人員應對禮儀、專業知識、雙向溝通機制及硬體設施的設置與維護等，均以顧客之舒適與安全為優先考量，以持續朝「服務評價最好」之願景邁進。

（四）幸福職場力

SOGO 立業之願景包含「員工薪資最高」，在永續趨勢的推動下，不僅提供給同仁最好的福利及獎勵機制，更重視促使同仁成長的專業培力訓練，以及職涯發展規劃，且不論 SOGO 同仁或專櫃夥伴，皆享有健康照護，並確保職場安全。

（五）關懷平臺力

SOGO 是受顧客信賴的百貨通路，最大優勢在於可化身為集結顧客、廠商、同仁、社福團體等利害關係人善心之平臺，投入 SOGO 的關懷分享、永續家園、優質生活、文化創新等四大面向，擴大影響力。

（六）永續環境力

面對環境永續議題，SOGO 以數位行銷、綠色採購、提倡綠色消費等策略打造綠色營運文化，在日常營運中實踐環保理念，執行能源管理及建置節能措施，並依各利害關係人提出的行動方案，自各面向落實環境保護。

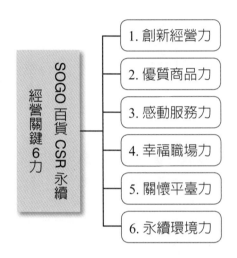

六、榮耀與肯定

多年來，SOGO 在公司治理、環境永續及創新服務等多方面獲得獎項，列舉幾項，如下：
1. 榮獲第 15 屆遠見雜誌企業社會責任獎 2 項楷模獎。
2. 榮獲經理人雜誌 Brand Asia 亞洲影響力品牌零售通路優選。
3. 榮獲 TCSA 臺灣企業永續獎 4 項大獎。
4. 榮獲天下雜誌頒發天下企業公民獎。

七、迎接零售 4.0，體驗擺第一

綜觀零售業的發展進程，SOGO 百貨董事長黃晴雯認為，若將傳統百貨視為零售 1.0，購物中心為零售 2.0，暢貨中心 Outlet 為零售 3.0，那麼結合購物、娛樂、休閒、餐飲、社交、觀光等多業態混搭的主題樂園，無疑是零售 4.0 的新型態商業模式。

黃董事長表示，在零售 4.0 的今天，顧客爲主、體驗至上，面臨電商來襲，消費體驗成了實體通路扭轉頹勢的救命良手。另一方面，實體通路爲了固守優勢，不斷創新升級、大玩體驗行銷。除了近年來最盛行、聚客力最強的餐飲體驗，實體賣場更成爲家庭親子社交體驗的最佳場域。

八、SOGO 多年來的關鍵成功因素

總結來說，SOGO 百貨成爲國內數一數二的優質百貨公司，主要得力於下列 6 點關鍵成功因素：

（一）熟客經營得好

根據 SOGO 百貨內部統計數據顯示，SOGO 每年業績有 80% 是來自老顧客、老會員，因此，熟客的貢獻是很大的，也可以說是支撐 SOGO 每年營收的重要來源。

（二）專櫃及美食區求新求變求好

SOGO 對於專櫃的評價是有一套機制的，凡是業績差的專櫃一定會被淘汰；另一方面也主動積極開發及邀請有好業績潛力的專櫃進到 SOGO 百貨。SOGO 對於各專櫃及美食區的重要引進原則，就是要不斷求新、求變、求好。

（三）一年一度週年慶行銷成功

SOGO 是很會行銷宣傳的百貨公司，每年年底 11 月的週年慶，都做足各種行銷宣傳與媒體報導的工作，使年終慶總業績突破 110 億元，占全年總業績 25% 之多。

（四）地點位置佳

SOGO 百貨在臺北的忠孝店及復興店，正位在捷運重要交叉位置上，亦屬臺北市東區商業街的中心位置。由於交通便利，使顧客來 SOGO 購物的誘因也提升不少。

（五）貼心的服務

　　SOGO 忠孝館的電梯小姐及專櫃小姐的各式服務，都經過特別的訓練及要求，貼心與精緻的服務，也成為 SOGO 百貨的企業文化，更獲得顧客的好口碑。

（六）企業公益形象良好

　　SOGO 百貨多年來，在黃晴雯董事長的領導下，非常重視企業社會責任（CSR）的付出及貢獻，並獲獎無數，此亦打造 SOGO 的優良企業形象。

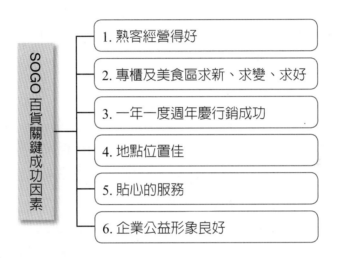

SOGO 百貨關鍵成功因素
1. 熟客經營得好
2. 專櫃及美食區求新、求變、求好
3. 一年一度週年慶行銷成功
4. 地點位置佳
5. 貼心的服務
6. 企業公益形象良好

Q&A 問題研討

1. 請討論 SOGO 百貨公司之簡介。
2. 請討論 SOGO 百貨臺北大巨蛋館之營運狀況為何？
3. 請討論 SOGO 百貨保持永續成長的 12 個經營策略為何？
4. 請討論 SOGO 百貨的 CSR 永續關鍵 6 力為何？
5. 請討論 SOGO 獲頒哪些獎項？
6. 請討論零售 4.0 為何？
7. 請討論 SOGO 多年來成功的關鍵因素為何？
8. 總結來說，從此個案中，您學到了什麼？

【個案 10】連鎖藥局通路王國 —— 大樹經營成功之道

一、公司簡介及經營績效

　　大樹藥局由董事長鄭明龍創立於桃園，近 7 年來，營收每年成長率平均達 30%，從 2014 年登上興櫃，當時年營收僅 16 億元，但到 2024 年已高達 170 億元，7 年來年營收翻 6 倍成長，而年獲利亦有 7.5 億元。這種好績效，也得到外資證券投資公司的好評，而加強投入買股；大樹股價在 2024 年 5 月時，達到 400 元最高點。

二、國內連鎖藥局市場未來成長潛力大

　　目前，國內藥局總店數約 6,000 家之多，每年產值規模達 1,200 億元。加上國內老年化、高齡化結果，使得對藥局的要求上升，市場潛力也隨之大增。

　　根據推估，臺灣連鎖藥局店數占比，只占所有藥局的 2 成，其他均為單店經營。但這與美國、日本、中國相比，他們的連鎖藥局店數占比都達 5～6 成之高，顯見國內連鎖藥局市場成長空間仍很大。預估到 2030 年時，國內連鎖藥局占比，可從現在的 2 成，成長到占 5 成的比例。

　　目前，國內超過 50 家連鎖藥局品牌計有 8 家，分別為：大樹、杏一、丁丁、啄木鳥、長青、佑全、躍獅、維康。其中，以大樹及杏一二家連鎖店最多，市場占有率達 45%，且這二家也均是上市櫃公司。

三、持續展店目標與策略

　　大樹藥局目前連鎖店包括直營及加盟的店型，合計已達 300 家店。鄭明龍董事長更表示，未來 5 年，仍將持續展店。

　　預計 2026 年將達 500 家店，2030 年將達 1,000 家店之多。

　　大樹藥局持續拓店的三大策略為：

1. 自己拓店（直營店）。
2. 併購拓店。
3. 加盟拓店。

　　在具體店型規劃上，未來 5 年將以商圈大型店 300 家店，以及社區小型店 200 家店並進的方式發展。

四、未來營運成長動能的「三跨計劃」

　　除了上述持續展店策略外，鄭明龍董事長表示，大樹藥局將推動「三跨計劃」，作為未來 5 年持續成長的動能。此「三跨計劃」為：

（一）跨品牌

　　大樹已與日本第二大連鎖藥局公司 SUGI 戰略合作，包括 SUGI 入股大樹公司、引進 SUGI 公司的自有產品在臺灣上架銷售，以及與 SUGI 開設複合店的模式。

（二）跨產業

　　將主攻國內龐大的寵物市場，目前國內犬貓的數量已達 290 萬隻，市場潛力大，計劃設立寵物門市店。

（三）跨海外

　　將首攻中國市場，與中國大陸的百大藥局合作，以授權加盟方式，推展在中國大陸的連鎖藥局市場。

五、打造健康產業的「四千計劃」

　　大樹藥局也已推動「四千計劃」，即：

1. 千人：千人藥師人才團隊。
2. 千面：爭取全面向消費者。
3. 千店：目標 1,000 家門市店。
4. 千廠：1,000 家供應商。

六、做好 OMO 全通路策略

在通路策略方面，朝向實體門市店＋電商（網路）平臺的 OMO 全通路策略。

1. 在實體門市店方面，目前已有 300 家店，未來目標是 1,000 家店。
2. 在電商平臺方面，除已自建自己的官方線上商城外，也將上架到 momo、蝦皮等大型電商平臺上。

七、大樹藥局的軟實力

大樹藥局的軟實力，主要有 2 點：

1. 專業：全臺計有 1,000 位藥師，提供藥品及保健品、輔具等專業知識。
2. 服務：已成立 24 小時客服，計有 30 位客服藥師提供貼心服務。

八、優化店內產品組合

為了提高門市店坪效，大樹已持續優化店內的產品組合，把賣很少量的產品下架，換上比較好賣、有需求的好產品上來，以提高整體門市店的營業額及坪效。

九、大樹藥局的經營理念

鄭明龍董事長表示，他的經營理念有 3 點：

（一）強調品質第一

嚴格把關供應商的商品品質，把品質放在第一位。

（二）講求誠信與專業

藥局經營的根本，就是要注重誠信與專業，盡力滿足每一位顧客的需求及期待。

（三）比別人早一步的創新理念

例如，大樹藥局很早就與國內嘉南及大仁二所大學的藥學系合作，以吸引年輕藥師，克服目前藥師荒的問題。

十、吸引藥師作法

　　大樹吸引藥師的作法有 2 點：

1. 給予入股大樹公司的優惠，使員工與公司能更緊密結合在一起，不輕易離職。
2. 協助成立加盟店，成就自己是店老闆的夢想。

　　大樹藥師的低離職率是大樹軟實力的最大支撐力量。

十一、大樹後勤支援系統

　　大樹已導入 ERP 系統及會員系統能夠自動補貨，甚至當天叫貨，隔天就到，降低門市店的缺貨。

　　此外，大樹公司也已投資 20 億元在桃園建立物流中心，以支援未來目標全臺 1,000 家店的快速物流能力。

十二、跨業合作

　　大樹也與零售品牌進行跨業合作，包括：

1. 與全家超商打造複合店模式。
2. 與家樂福量販店打造店中店模式。

　　這些也都是大樹能持續展店的跨業合作策略。

十三、各產品類別營收占比

　　根據 2024 年度最新資料顯示，大樹藥局的年營收各產品類別占比如下：

1. 婦嬰用品：占 40%。
2. 保健品：占 24%。
3. 處方藥品：占 16%。
4. 健康品：占 16%。
5. 其他：占 4%。

十四、深耕會員經營

大樹藥局目前會員人數已達 400 萬人之多，可享有購物折扣及紅利點數之優惠。今後，大樹將強化並深耕會員的黏著度及忠誠度，以有效提升會員的回購率及回購次數。

十五、完善教育訓練系統

大樹藥局極為重視員工的教育訓練，加強員工的專業知識，以保證顧客的健康為第一重要。

因此，大樹藥局的教育訓練，主要區分為二大類：

1. 新人（新進員工）訓練。
2. 既有員工在職訓練。

十六、提升顧客滿意度

大樹藥局也很重視會員顧客的滿意度，該公司從下列 3 個方向積極努力：

1. 對全臺門市店人員的專業性滿意度。
2. 對產品購買體驗的滿意度。
3. 對門市人員服務態度及效率的滿意度。

大樹藥局也會固定時間做全臺顧客滿意度的調查報告。

Q&A 問題研討

1. 請討論大樹藥局的公司簡介及經營績效為何？
2. 請討論國內連鎖藥局市場未來成長潛力如何？
3. 請討論大樹未來持續展店的目標及策略為何？
4. 請討論大樹未來營運成長動能的「三跨計畫」為何？
5. 請討論大樹打造健康產業的「四千計劃」為何？
6. 請討論大樹如何做好 OMO 全通路策略？
7. 請討論大樹的軟實力為何？
8. 請討論大樹為何要優化店內產品組合？

9. 請討論大樹的 3 點經營理念爲何？

10. 請討論大樹如何吸引藥師的作法？

11. 請討論大樹的後勤支援系統爲何？

12. 請討論大樹的跨業合作爲何？

13. 請討論大樹各產品類別營收占比爲何？

14. 請討論大樹的會員人數有多少？會員經營的目的何在？

15. 請討論大樹的教育訓練有哪二大類？

16. 請討論大樹提升顧客滿意度的 3 個方向爲何？

17. 總結來說，從此個案中，您學到了什麼？

💡【個案 11】庶民雜貨店──美廉社黑馬崛起

一、穩坐臺灣第二大超市地位

美廉社隸屬於三商家購有限公司，第一間店在 2006 年才成立，雖然成立短短不過 10 多年，但已穩坐臺灣第二大超市地位。根據統計，連鎖超市以全聯的 1,200 家居冠，第二名則是美廉社的 800 家。（註：與全聯策略不同，美廉社的店面，都是小型店面居多。）

二、主搶主婦客源

美廉社大多設在傳統菜市場及社區巷弄內，主搶主婦客源。美廉社販賣商品的亮點，包括進口商品與自有品牌，另外散裝米、蛋也是一大優勢。美廉社可說是在傳統超市與便利商店之中，找到一個自己的市場。目前美廉社平均單店營收額在 4.5～5 萬元之間。

三、精簡省成本

走入美廉社，會發現商品的陳設有些零亂，空間也較狹小，相比其他超市，逛起來較不舒服。不過，這些正是美廉社異軍突起的致勝關鍵。

美廉社靠著在經營管理上的省，將所有管銷省下來的錢從商品價格折讓給消費者，讓消費者感受物美價廉，鎖定一般庶民大眾客群，滿足消費者高 CP 值的需求，也就是尋求品質適中、價格便宜的商品。美廉社的全面精兵政策，讓人力成本也降到最低。

四、設點獨特性

選點的部分，美廉社也做過用心思考，一般美廉社的門市大多選在社區巷弄內，租金較便宜，可讓通路成本相對降低，也能吸納一般大眾顧客，較一般超市深入民眾生活圈。

五、專賣便宜、差異化商品

美廉社全臺門市銷售的商品也略有不同，目前全臺 800 家店，根據不同地區的消費特性分成多達 10 種模組，最大的 70 坪，最小僅 23 坪，販售商品種類從 3,500 種到 7,000 種不等。

美廉社將市場切分為住宅區與商業區二種，美廉社則主要著力在「柑仔店」模式，以便宜、差異化商品為主軸。

美廉社早在 10 多年前就開始布局自有品牌，目前僅占營業額 5%，主力自有品牌產品為糖及餅乾零食，但賣最好的是衛生紙。2027 年自有品牌及進口商品營收占比目標將達到 20%。

美廉社勝出經營之三大特點	1. 店租、人事設備均極精簡
	2. 海外進口獨家商品
	3. 設點位置為鄰里巷弄之間，便利消費者

六、找到最適滿足點的定位

究竟是怎樣的市場定位，讓創立之初即遭全聯福利中心夾殺，被市場喻為「小蝦米對抗大鯨魚」的美廉社一路成長到 120 億元規模，還順勢與日商入股攜手？

走進空間狹小的美廉社，從牆上樸實的手寫促銷海報，到櫃臺前散裝販售的白米與雞蛋，乍看之下，一切似乎都與 12 年前剛成立時「現代柑仔店」的企業定位沒什麼不同。

因為美廉社最核心的商業模式，就是在「夠了」這二個字。

一個人願意支付多少錢購物、買到品質如何的東西才會滿足，完全是因他的收入而異。而美廉社的策略，就是精準掌握金字塔底層最大宗消費者的「夠了」需求。滿足感太少，客人會抗議；滿足感太多，一來對目標客群沒

有意義，二來可能導致成本增加。美廉社要做的，就是最多數人心目中的 Acceptable（可接受的品質），放棄那批要求更高的客人。

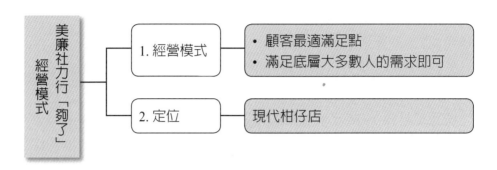

七、發展多品牌策略

以美廉社為核心，發揮母雞帶小雞策略，旗下包括美廉城超、大美折扣超市、心樸市集等 7 個子品牌，彼此定位不同。好比「心樸市集」以健康食品為主力，「美廉城超」主打辦公室白領，「大美折扣超市」則屬於大型零售店，以及網購平臺「GO 美廉」等不同業態。

八、每個人手機裡都有一間美廉社

美廉社已推出自己的 App，希望透過這個 App 將所有 7 個品牌串連在一起，集合所有福利與點數，擁抱各種支付方式，建構起美廉生活圈，打造更完整的生態系。

過去該公司希望每個鄰里都有一間美廉社，現在目前則變成每個人手機都有一間美廉社。

個案重要關鍵字

1. 找到最適滿足點（夠了）哲學

2. 越要認清自己是誰，認清自己的品牌定位是什麼

3. 主打「現代柑仔店」定位

4. 人口老化、少子化與 M 型社會消費問題

5. 進口獨特產品，成為獨家商品的特色

6. 發展多品牌事業

7. 店租、人事、設備上極其精簡

Q&A 問題研討

1. 請上官網搜尋三商家購目前發展現況為何？

2. 請討論美廉社「夠了」的經營模式為何？

3. 請討論美廉社勝出經營的三大特點為何？

4. 請討論美廉社是否發展多品牌事業體？

5. 請討論美廉社的定位何在？

6. 總結來說，從此個案中，您學到了什麼？

【個案 12】新光三越推出線上商城及熟客系統，業績成長 7 倍

一、受疫情影響，推出電商

根據經濟部統計處統計，百貨公司在 2021 年 5～7 月，因受疫情影響，業績雪崩式下滑，較 2020 年同期減少 40～70% 之多。消費者不出門，使百貨業者必須轉往線上（電商），其中，又以百貨龍頭新光三越轉型得最快。

在疫情嚴峻時刻，僅花 14 天，就將原有新光三越的「美妝電商 beauty STAGE」升級為「SKM Online」，品項數也從 2 萬個一舉拉升到 8 萬個，電商業績也較轉型前成長 7 倍，並帶進 5 成新客人，客單價更是一般電商公司的 2 倍之多。

二、差異化商品策略成功

然而，相較綜合型電商公司的品項破百萬，百貨電商要如何使顧客上門呢？新光三越營業部副總歐陽慧表示，關鍵在「差異化」，新光三越鎖定的是一般電商難以攻入的精品品牌及話題商品。

因為實體百貨公司具有官方直營的通路優勢，例如：精品美妝、輕奢珠寶等高單價商品，消費者還是習慣在實體通路購買。SKM Online（新光三越線上商城）等於是品牌及消費者間的溝通橋梁，品牌可以不受地域限制，多了線上銷售平臺，顧客不用出門就能購物，非常方便，也不用擔心買到假貨。

新光三越推出 SKM 線上商城	→	差異化商品策略（名牌精品為主力）	→	1. 電商業績成長 7 倍 2. 帶進 5 成新客人

三、推出熟客系統

另一方面，新光三越在 2019 年啟動數位轉型，2020 年 2 月疫情加速進程，短短 11 天，熟客系統就上線。

專櫃人員掌握消費者的喜好、風格，推薦適合的商品，再到用系統開商城，顧客只要點入連結，就可以下單，專櫃人員就是顧客的 Select Shop（選物店）。

熟客系統解決顧客、專櫃、品牌三方的痛點。對顧客而言，沒時間搶商品、不知道有什麼好貨，可以事先諮詢專櫃人員，以保留商品。以個別專櫃角度來看，解決留貨又擔心賣不出去的兩難。對品牌來說，使用熟客系統結帳，可即時更新金流資訊。

經歷 1 年多的淬鍊，此系統持續開發出新功能，像是 2021 年 5 月推出「個人商城」。以往每個專櫃僅有一個共用的上架帳號，現在每位專櫃人員都有一個個人商城，有利維繫熟客關係，做到成交率突破 5 成的佳績。

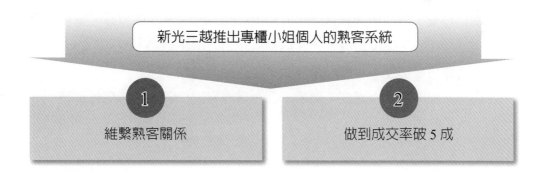

新光三越推出專櫃小姐個人的熟客系統

1 維繫熟客關係

2 做到成交率破 5 成

Q&A 問題研討

1. 請討論新光三越推出 SKM Online 的狀況如何？勝出的策略為何？
2. 請討論新光三越推出熟客系統的狀況如何？
3. 總結來說，從此個案中，您學到了什麼？

【個案 13】微風與新光三越改造全球最密百貨圈

一、全臺最密百貨圈

　　引領臺灣潮流的臺北信義區，號稱全世界密度最高的百貨圈，0.5 平方公里土地上擠進 10 多間購物中心。摩登大樓之間，上下班的人潮與國內外自由行旅客，在捷運通道與空橋川流。二大百貨龍頭新光三越與微風集團，摒棄過氣的百貨營運方式，做出分眾體驗，抓住屬於臺灣的捷運鐵道經濟。

　　在臺北信義區 0.5 平方公里土地上，有新光三越 4 個館、微風百貨 3 個館、臺北 101 購物中心、ATT 4 FUN、統一時代、BELLAVITA 貴婦百貨、近年新開幕的大遠百信義 A13 等大型購物中心，總計有 12 家，2026 年預計還有 The Sky Taipei（臺北天空塔）加入。

　　這裡是全世界百貨公司密度最高的地區，也是百貨廝殺區，臺北信義區是臺灣能見度最高的現代化商圈。在全臺唯一的摩天大樓群中，二條捷運線源源不絕運來上班的通勤族與國內外自由行觀光客。這二個族群，正是日本旅客成長趨緩後，極少數成長的客群。這裡的競爭最激烈，所有國際大牌的第一家店都想來這裡，有點像是在領導臺灣的消費潮流。

　　新光三越與微風百貨為了圈粉，都在這裡嘗試打造最新的零售趨勢。第一個，就是分眾。

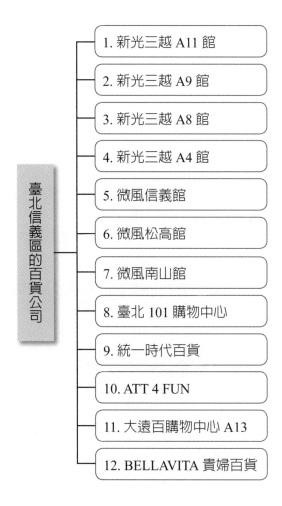

臺北信義區的百貨公司

1. 新光三越 A11 館

2. 新光三越 A9 館

3. 新光三越 A8 館

4. 新光三越 A4 館

5. 微風信義館

6. 微風松高館

7. 微風南山館

8. 臺北 101 購物中心

9. 統一時代百貨

10. ATT 4 FUN

11. 大遠百購物中心 A13

12. BELLAVITA 貴婦百貨

二、趨勢 1：分眾定位，只看坪效的傳統模式已過氣

這幾年，美國及日本不少老牌百貨公司倒閉，除了電商崛起外，另一個原因是，百貨業其實是個過氣的業種。業者選品牌，並按化妝品、男女裝分好樓層，引導客人購物，這些服務在成熟市場中已經不需要了。彼此長得很像的百貨公司，已經走不通了。

2015 年，新光三越將距離夜店最近的 A11 館，轉型定位為潮文化，吸引年輕客群；一樓化妝品區全面縮減，擺上吸睛的特斯拉電動車、蘋果 [i] Store、愛迪達及 LINE FRIENDS 專賣店。如果用傳統坪效來看，這一切都不會發生。

　　而同一時間，微風百貨也進入信義區。2014 年，微風松高館開幕，定位為年輕人時尚（Pop Fashion）。除了將最大的店面給快時尚 H&M，另一大門面則給美國職籃 NBA 專賣店。2015 年，另一個微風信義館最強的就是男裝與訂位餐廳。

　　百貨業者都知道，如果只想賣東西，客戶自然只在買東西時才會想到你。所以，這幾年百貨業者不會講自己是個賣場，而是成為一個能讓客人好好生活的場地，也就是一個生活平臺（Life Platform）。

　　新光三越只剩 A8 館是服務全體家庭客層，A4 館及 A9 館分別是針對時尚女性及男性，餐飲部分則分別鎖定需要包廂的商務客與以餐酒館掛帥的大人系飲食。

　　以上每個館，都有自己明確的分眾定位與區隔，以吸引不同的目標客群。

三、趨勢 2：體驗經濟，吃是最簡單的奢侈

　　在臺北信義區，能夠勾引客戶出門的餐飲，戰況也最激烈。以前怎麼會想得到，有個 24 小時營業的餐飲店面，開在百貨公司裡？吃，對顧客而言是最容易接近的體驗。信義區引入 60 家餐廳，占百貨公司營業額 15% 以上，比新光三越整體平均 12% 更高。看起來，吃是這個世代比較容易達到的奢侈。

　　2019 年開幕的微風南山館五、六、七樓，分別設立日本、亞洲、歐洲系餐廳。其中全球奢侈品集團 LVMH 旗下的 CÉ LA VI 酒吧、紐約的 Smith & Wollensky 牛排館等經典品牌，更是將微風南山館定位為巨星時尚的重要角色。微風南山將餐廳開在百貨公司一樓也已是創舉。另外，他們還推出全亞洲最大的超市，納入日本下班時間的美食街試吃文化、食材代烹煮的創新服務。二千多坪的超市，幾乎等於南門市場。

　　微風走到今天已經是一個品味代名詞，不只是百貨，而是生活風格品牌。這個生活品牌的航空母艦，將以超市為核心。

四、趨勢 3：臺版鐵道經濟，空橋、地道串起流動人氣

用盡各種辦法，勾引消費者為了吃上門，吃完還要買回家。這群造市者當然不會放棄，走在信義區空橋上的天然人流。

日本鐵道公司自己就經營零售業，蓋車站時同步設計站內空間。與鐵道經濟成熟的日本不同，信義區靠的是全臺僅有的空橋、地下通道，把商圈及捷運連結在一起，逐漸演化出臺版的鐵道經濟。新光三越甚至發明一個新詞叫「空橋經濟」，邀請排隊甜品店、起司塔店，在二樓空橋上設櫃，讓客人多停留一些時間。

微風南山館已用空橋與威秀影城相連接，祕密武器就是曾為 JR 東日本旗下百貨 atré 的海外第一間店。

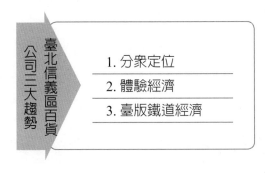

二大百貨巨頭用盡全力，要在信義區圈粉，微風百貨以大型超市做未來的航空母艦，而新光三越則籌備帶領臺灣餐飲品牌西進，並首在高雄草衙道經營購物中心，都是在尋找新方向。廝殺又共榮，這就是信義區崛起的真正祕密。

Q&A 問題研討

1. 請討論全臺最密百貨圈。
2. 請討論信義百貨商圈三大趨勢。
3. 總結來說，從此個案中，您學到了什麼？

💡【個案 14】momo 網購邁向千億元營收

一、公司簡介

　　momo 網購隸屬於富邦媒體科技公司，成立於 2004 年，現有員工 2,400 人，主要業務為網購，占 95% 業績，其他 5% 才為電視購物及型錄購物。該公司 2024 年業績突破 1,100 億元，股價上衝到 700 元，是零售百貨類股的股王。該公司預計 2030 年可以突破 1,500 億元年營收業績目標，超過新光三越百貨公司，僅次於統一超商的 2,000 億元及全聯超市的 1,800 億元。

　　momo 近幾年來，都以 20〜30% 的年營收成長，谷元宏總經理表示：「最主要因素是 momo 達到了一個很重要的經濟規模，它集結了商品力、物流力、行銷力及科技力，發揮了整合綜效。」

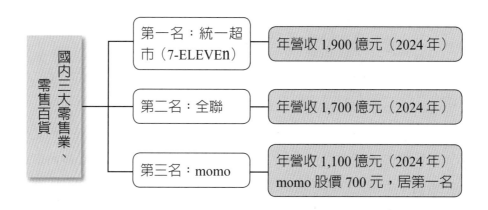

二、momo 的商品力

　　從 2015 年起，momo 啓動「品牌深耕計劃」，與不同品牌緊密合作。2018 年後，momo 超過 PChome（網家），成為國內第一大電商公司，也吸引更多品牌爭取與 momo 合作。momo 合作品牌數超過 2.5 萬個，品項數超過 350 萬個品項，幾乎各類商品、各種規格、各種品牌的商品，都能在 momo 買得到，這就方便了消費者，形成 momo 獨特的商品力。

三、momo 的物流力

　　過去 6 年來，momo 在小型衛星倉主倉（8,000 坪）及大型物流中心（2.5 萬坪）都有布局，到 2024 年底，倉儲總數計 61 座。預計到 2030 年底，還將擴建 10 座中小型衛星倉儲，以及完成中區及南區的 2 座大型物流中心。

　　同時，自有車隊的「富昇物流」在負擔最後配送運能上，也將逐步提升到 15%。

四、momo 的行銷力

　　momo 多年來，都在強調「物美價廉」的特色及定位，momo 商品的定價，一定是同業中最低的，它以「低價」取勝；另外，momo 每天、每週、每月都有不同商品種類的折扣促銷活動，吸引了不少忠誠的老顧客、老會員。目前 momo 會員總人數已超過 1,100 萬人，形成業績的鞏固來源。

五、momo 的科技力

　　momo 運用大數據分析全臺的消費行為及訂單結構，從而判斷物流倉儲的庫存量及運輸承載。透過精準預測每個區域對不同商品的需求，事先備貨到各地衛星倉，協助分攤訂單。

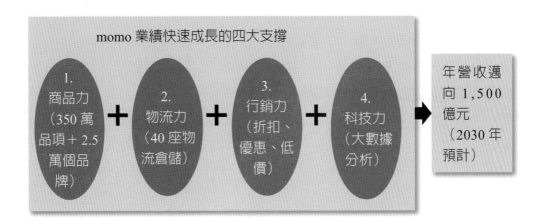

六、整合集團力

　　早在 2018 年，富邦集團便已開始思考，如何讓旗下的富邦媒體、富邦金控、台灣大哥大等三大業務共創綜效。隔年推出「momo 聯名卡」及「mo 幣」，就是第一次嘗試合作的成果。

　　消費者使用聯名卡購物後，可以得到 mo 幣回饋，在站上可折抵現金使用，提升回購率。台灣大哥大也推出「mo 幣多」方案，電信用戶每個月都可以得到 mo 幣回饋，只要到 momo 購物網消費，就有機會得到更多 mo 幣，讓富邦集團旗下的零售、金融、電信三大服務，形成相互拉抬的正循環。

七、未來成長空間仍大

　　谷元宏總經理認為，雖然在 2020～2021 年新冠疫情期間，國內電商業績有很大成長率，但電商產值占國內整體零售業的總產值比例，只有 20% 而已，另外 80% 仍在實體零售業手上，因此，momo 電商未來 10 年的業績，仍有 2 倍、3 倍等很大的成長空間。

Q&A 問題研討

1. 請討論 momo 業績快速成長的四大支撐力量為何？
2. 請討論 momo 公司的簡介為何？
3. 請討論富邦集團如何整合集團資源？
4. 請討論國內電商市場未來的成長空間如何？
5. 總結來說，從此個案中，您學到了什麼？

【個案 15】SOGO 百貨如何開展新局，再創巔峰

一、經營績效佳

SOGO 百貨在全球疫情期間仍連續 2 年營收額創下佳績。2021 年營收額爲 412 億元，年獲利 14 億元；2022 年解封後，年營收額更上衝到 500 億元，成長率高達 17%，年獲利也上衝到 17 億元，創下 SOGO 百貨史上新高。其中，SOGO 臺北忠孝館及復興館二館營收均破 100 億元。

二、SOGO 百貨老大哥面臨三大危機

創立已 35 多年的 SOGO 百貨老大哥，雖然近二年營收及獲利均佳，但該公司董事長黃晴雯卻誠實的說出該百貨公司面臨的三大危機，如下：

（一）電商快速崛起

近 10 年來，臺灣電商（網購）行業快速崛起，尤其「富邦 momo」電商公司，在 2024 年的營收額，已突破 1,100 億元，遠遠超過新光三越的 930 億元、遠東百貨的 620 億元及 SOGO 百貨的 520 億元；尤其，momo 上市股價已上衝到 700 多元，成爲零售百貨業的股王。電商快速成長，自然可能瓜分到百貨公司的市場空間。

（二）主顧客群漸老化

SOGO 百貨成立 35 多年，它最忠誠、含金量最高的主顧客群逐漸老化，年齡已高達 50～70 歲之間，可說是最老客群的百貨公司，亟須爭取補上年輕客群，但又須兼顧老年顧客群的喜好才行。

（三）競爭對手加多、加劇

近 5 年來，由於新進入者：微風百貨、三井 Outlet、三井 LaLaport 購物中心、比漾、新莊宏匯及新店裕隆城等大型百貨公司及購物中心，大量搶進市場，亦想瓜分全臺百貨公司的生意大餅，彼此間的競爭加劇。

三、改變心態是關鍵

SOGO 百貨也面臨轉型期，黃晴雯董事長表示，SOGO 百貨現在最難的是要：「改變心態」（Mindset），要讓所有組織成員改變過去成功的模式、改變傳統思維、改變長久的心態，才是真正革新 SOGO 百貨的關鍵點所在。

四、測試 1：高雄館減收入、增獲利

SOGO 百貨在高雄三多館，因為商圈移轉，使營收大幅下滑，故把樓層分租出去給健身房及商辦，只留下 B2～7F，轉為社區百貨，加重餐飲樓層。這樣一來，面積雖減半，營收卻增 4 成，坪效成長 30%，這是成功轉型的例子。

五、測試 2：放下坪效、重客單價及回流率

SOGO 百貨忠孝館有 90 坪空間，原為誠品書局，後來改為美容中心，邀請 10 個頂級美妝品牌進駐，為 VIP 會員提供免費護膚體驗，結果提高了這 10 個頂級美妝品牌在一樓專櫃的客單價，此為成功轉型的例子。

六、承租臺北大巨蛋館，有 4 萬坪超級大館

SOGO 百貨已承租下臺北市大巨蛋館，正式命名為「遠東 Garden City」，坪數高達 4.2 萬坪，有 4 個忠孝館大，結合購物、娛樂、餐飲、電影、運動、KTV……等需求的多元化巨型購物中心，將為 SOGO 百貨帶來更大的變革及創新。

七、結語：走在消費者更前面

總結來說，黃晴雯董事長表示，未來 10～20 年，SOGO 百貨要繼續保持榮景，必須更加努力做到下列 3 點：

1. 必須動得比消費者的需求更快，永遠走在消費者最前面。
2. 一定要改變、一定要轉型、一定要更創新。
3. 要誠實面對挑戰、面對自己的弱點、要朝轉型大步邁進、永不再回頭、永不再走回頭路。

Q&A 問題研討

1. 請討論 SOGO 百貨近 2 年經營績效如何？
2. 請討論 SOGO 百貨老大哥所面臨的三大危機為何？
3. 請討論 SOGO 百貨改革轉型的關鍵是什麼？
4. 請討論 SOGO 百貨轉型測試成功的 2 個例子。
5. 請討論 SOGO 百貨承租大巨蛋館的狀況為何？
6. 請討論黃晴雯董事長總結的 3 點，未來 SOGO 該如何保持榮景？
7. 總結來說，從此個案中，您學到了什麼？

【個案 16】微風百貨吸客大法

一、停留經濟崛起

在臺灣百貨界，微風集團對「停留經濟」新空間配置學的著力可說是相當深入。不管是餐飲複合空間營造、賣場氛圍、或是 App 會員專屬尊榮禮遇，都特別凸顯實體空間的五感體驗及數位工具的有效利用，試圖營造人潮回流的誘因。

從 2001 年開幕的一代店「微風廣場」，2014 年之後連續開出的二代店「微風松高店」與「微風信義店」，都保持彈性營運策略，隨時預測市場變化，主動提出創新措施，只要市場出現風吹草動，隨時都可以進行改裝。2019 年 1 月開幕的三代店「微風南山」，更是微風百貨集團在停留經濟營運策略上的極致展現。

微風的停留經濟哲學以「靈活運用複合設施組合，重新定義整館坪效」為大戰略，再搭配運用「五感驚喜體驗，營造興奮氛圍」與「定時推播 VIP 禮遇，尊榮感加倍」這二大戰術，來細膩詮釋場域的感動性。

二、以大餐飲面積占比，凸顯差異

以前，是逛街累了才去吃東西，現在可能為了吃東西才來百貨公司，然後順便買東西。餐廳從附屬功能變成百貨公司集客的關鍵之一。因此，雖然分潤不高，但餐飲面積占比仍不斷上升。

一代店微風廣場的餐飲面積占比為 25%，二代店微風松高及微風信義則達到 35%，第三代店微風南山占比更提高到 40% 以上，以求在臺北信義一級戰區做出更徹底的差異化。早期，百貨公司餐廳多在地下美食樓層，面積占比僅在 10%。

但大環境改變，為了集客，餐廳不能再像以前一樣毫無特色，必須創造客人上門的理由。餐廳必須讓顧客情不自禁現場拍照、打卡，興奮感從實體空間外溢到網路上。

三、三代店開幕，集停留經濟心法之大成

2019 年 1 月，微風百貨全新三代店「微風南山」正式開幕。

首先，在大戰略上，餐飲在複合空間中扮演絕對關鍵性角色。微風南山賣場內餐飲面積史無前例的拉高到 40% 以上，進駐的餐廳或咖啡店近半數都是全球、全臺或全信義區的獨家，成為有效集客的祕密武器。

例如，咖啡迷期盼已久的沖泡式咖啡品牌「美國藍瓶咖啡」在二樓設立全臺首家禮品店，而且採限期 6 個月的快閃店形式，推出限量有機罐裝冷咖啡、馬克杯等商品，吸引消費者必須在一開店就前往朝聖，以免向隅。這等於是利用獨家餐飲啟動開幕戰的限時吸客大法。

第二，在賣場氣氛營造的戰術上，微風南山不只打造全館各樓層專屬香氛、燈光、裝潢視覺等五感體驗，更在高樓層加入 180 坪、20 多個座位的 5D 動感戲院，地下樓層則設立 2,200 坪超大的微風超市。

微風南山要求自己，要讓消費者進入賣場的 30 秒內就有驚豔感，讓逛街成為一種藝術化的體驗，進而引發購物衝動，並在日後想逛街時，會不斷回流。

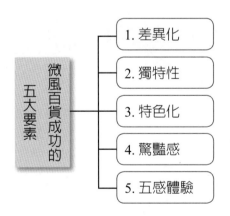

四、改變會有掙扎，改變才能再進化

預測市場變化，落實創新洞見，不斷微調策略，也成為微風實踐徹底差異化的準則，日後改裝過程中，很少出現猶豫的聲音。

現在，為了確保餐廳品質，每一家進駐餐廳幾乎都由董事長廖鎮漢親自

試營過，在經營團隊一致通過後，再溝通價位、行銷、品牌包裝等細節，打造出獨家氣勢與話題性。

　　微風的停留經濟心法，正好與管理顧問公司勤業眾信《2019年零售力量與趨勢展望》的實體通路3項差異化趨勢不謀而合，即：

1. 獨一無二且精心打造的商品組合。
2. 讓人興奮且具有娛樂效果的店面環境。
3. 備受禮遇，超越消費者線上體驗的服務等級。

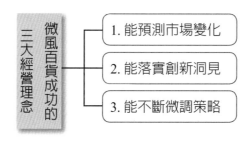

五、微風百貨三代店型比較

	館名	餐飲設施占比	平日與假日人潮數比例	特色停留設施
一代店	微風廣場	18%，2019年改裝到25%	1：2	國賓影城
二代店	微風信義 微風松高	35%	1：1.5	年營業額億元餐廳：點點心、永心鳳茶、饗饗等
三代店	微風南山	40%	－	5D動感電影院、微風超市 獨有引進餐廳：藍瓶咖啡、法國巴黎人氣商品的 le Boulanger de Monge、美國牛排餐廳 Smith & Wollensky 等

資料來源：微風集團

Q&A 問題研討

1. 請討論停留經濟崛起。
2. 請比較微風百貨三代店型的差異。
3. 總結來說,從此個案中,您學到了什麼?

【個案 17】屈臣氏在臺成功經營的關鍵因素

　　屈臣氏美妝連鎖店係香港公司，也是亞洲第一大美妝連鎖店；1987 年正式來臺設立公司並開始展店，目前全臺總店數已超過 500 家店，是全臺第一大，領先第二名的康是美連鎖店。

一、屈臣氏的行銷策略

　　屈臣氏有靈活的行銷表現，行銷活動的成功，帶動了業績銷售上升，屈臣氏的行銷策略主要有五大項：

（一）高頻率促銷活動

　　屈臣氏幾乎每個月、每雙週就會推出各式各樣的促銷活動，主要有：多一元加一件、買一送一、滿千送百、全面八折等吸引人的優惠活動。這些優惠活動主要得力於供貨商的高度配合。

（二）強大電視廣告播放

　　屈臣氏每年至少提撥 6,000 萬元的電視廣告播放，以保證屈臣氏這個品牌的印象度、好感度及忠誠度都能保持在高水準。

（三）代言人

　　屈臣氏也經常找知名藝人，搭配電視廣告的播放，比如過去曾找過曾之喬、羅志祥等人做代言人，代言效果良好。

（四）網路廣告

　　屈臣氏也在 FB、YouTube 等播放影音廣告及橫幅廣告，以顧及年輕上班族群的觸及。

（五）寵 i 卡

　　屈臣氏發行的紅利集點卡，目前已累積到 600 萬會員人數。寵 i 卡也經常利用點數加倍送的作法，吸引並提升顧客回購率。

二、屈臣氏的成功關鍵因素

總結來說，屈臣氏的成功關鍵因素，主要有下列 7 項：

（一）品項齊全且多元

屈臣氏門市店的總品項達 1.5 萬個，可說品類、品項齊全且多元、多樣，消費者的彩妝及保養品需求，可在門市店裡得到一站滿足。

（二）商品優質

屈臣氏店內陳列的商品，大都是有品質保證的知名品牌，這些中大型品牌比較能確保商品的良率，出問題的機率也較低。當然，屈臣氏內部商品採購部門也有一套審核控管的機制。

（三）每月新品不斷

屈臣氏門市店內，除了經常賣得不錯的品項外，也會淘汰掉賣得很差的品項，將空間讓出來給新品陳列，可說每月、每季都有新品不斷上市，帶給消費者新奇感。

（四）價格合理（平價）

屈臣氏的價格並不強調是非常的低價，但已接近是平價價格了。這是因為屈臣氏有 500 多家連鎖店，具有規模經濟效益，因此可以較低價採購進來，以親民的平價上架陳列。

（五）經常有促銷檔期

屈臣氏的特色之一，即是每月經常會推出各式各樣的優惠折扣或買一送一、滿千送百等檔期活動，有效帶動買氣，拉升業績。

（六）店數多且普及

屈臣氏有 500 多家門市店，是美妝連鎖業者中的第一名；店多且普及，也帶給消費者購物的方便性。

（七）品牌形象良好，且具高知名度

屈臣氏具有相當高的知名度，企業形象及品牌形象也都不錯，有助於品牌長期永續經營，以及提升顧客會員回購率。

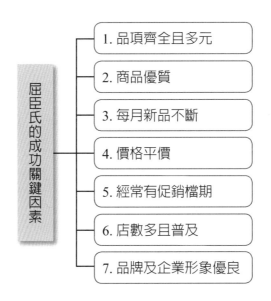

屈臣氏的成功關鍵因素
1. 品項齊全且多元
2. 商品優質
3. 每月新品不斷
4. 價格平價
5. 經常有促銷檔期
6. 店數多且普及
7. 品牌及企業形象優良

個案重要關鍵字

1. 健康、美態、快樂三大理念
2. 高頻率促銷活動
3. 強大電視廣告播放
4. 展開數位改革
5. 不是 O2O，而是 O + O
6. 召募數位科學家
7. 品項多元、齊全、優質
8. 在消費者需要的時候，我們就可以很快速的滿足他們

Q&A 問題研討

1. 請討論屈臣氏的行銷策略爲何？
2. 請討論屈臣氏的關鍵成功因素爲何？
3. 總結來說，從此個案中，您學到了什麼？

【個案 18】寶雅雙品牌發展，追求更大成長性

一、公司簡介

寶雅公司成立於 1985 年，主要核心業務為美妝百貨及生活用品，2024年營收達 230 億元，員工超過 5,000 人，稅前淨利為 25 億元，EPS 為 21.6元，均創歷史新高。

二、雙品牌策略

在通路雙品牌 POYA 寶雅（350 家）及 POYA HOME 寶家（50 家）的持續展店下，二品牌合計的總店數，到 2028 年底將達到 500 家之多。

三、亮麗成績三大因素

寶雅近 5 來，每年都保持二位數成長，最主要有三大原因：

1. 持續展店，寶雅＋寶家二品牌近年來，仍持續展店成長，寶雅以北部地區展店為主力，寶家則以中南部地區為拓展主力。
2. 將原本定位為連鎖五金品牌的寶家，轉型為居家用品店，滿足顧客對家的需求，有效拉抬客單價及來客數。
3. 推出寶雅 POYA Pay 的行動支付 App，展開數位布局。

四、二大策略迎戰

面對美妝、藥妝通路的屈臣氏及康是美這二大勁敵，寶雅採取二大策略應戰：

（一）提升購物體驗

在門市店內設立化妝區、更衣間、嬰幼兒專用尿布臺與寵物專用提籃等，爭取延長顧客在店內停留時間，帶動整體客單價提高。

（二）優化商品組合

寶雅平均門市面積超過 300 坪，擁有 6 萬個品項，是一般同業的 4 倍之多。

另外，為了凸顯商品獨特性，寶雅聯手大江生醫研發美顏保養品，於 2021 年 3 月推出第一支自有品牌「iBEAUTY 美妍飲」，價格落在 55～65 元，搶攻女性保養市場。而新品上市以來，每月都穩定成長，未來仍會持續增加自有品牌商品的占比。

五、寶家調整定位再出發

2019 年 8 月，在屏東開設首家「寶家五金百貨」，是寶雅從女性市場擴大到男性市場的新通路。由於需要 300～500 坪以上的大空間，目前多在中南部地區拓點，最北只到桃園。

寶家已於 2020 年 12 月，重新調整市場定位，更名為「寶家 POYA HOME」複合式居家用品店。為更貼近消費者，寶家網羅民眾生活所需，在家用五金之外，新增收納 3C 家電、食品量販等品項，商品數也從 3 萬衝到

5 萬件，甚至在節慶期間開放生鮮水果預購，搶攻家庭客。

　　此外，寶家也成立 YouTube 頻道，以輕鬆詼諧的方式拍攝 DIY 教學影音。

　　自轉型後，2021 年以來，寶家的平均客單價已拉高 2～3 成。

　　透過雙品牌發展，寶雅已研訂未來 6 年的展店計劃，每年將持續以 55～60 家的展店速度前進。預計到 2028 年，可擴增到 500 家店，超越屈臣氏，擴大市場版圖，成功市場第一領導地位。

六、推出電商平臺

　　為因應零售業虛實整合（O2O ＋ OMO）趨勢，寶雅已於 2021 年 8 月推出全新電商平臺「POYA Buy」，主打體驗型美妝生活，並透過實體與電商的結合，讓顧客 24 小時購物，帶動全通路業績，朝向「顧客更喜歡的寶雅」目標邁進。

Q&A 問題研討

1. 請討論寶雅的公司簡介及雙品牌策略內容為何？
2. 請討論寶雅近年來亮麗成績三大因素為何？
3. 請討論寶雅面對屈臣氏、康是美的二大迎戰策略為何？
4. 請討論寶家如何調整定位再出發？
5. 請討論寶雅如何做到虛實整合？
6. 總結來說，從此個案中，您學到了什麼？

【個案 19】麗晶精品行銷成功原因

一、百貨公司皆負成長，麗晶精品卻營收成長

臺北晶華大飯店地下二層樓的麗晶精品，2020 年在全球新冠病毒疫情下，寫下年營收 40 億元的歷史新高，2021 年營收也成長 2 成之多，在臺北各大百貨公司業績皆因新冠疫情而衰退之際，麗晶精品反而逆勢成長，值得大家好奇原因何在？

二、原因之一：貴賓室管家式服務，牢牢黏住品牌與貴客的心

只有 50 多個櫃位的麗晶，成立 30 多年來，向來是不少國際品牌來臺的首選之地，因為麗晶一位客人的消費力，就等於一般百貨公司的 200 位客人。因此，除了服務與附加價值到位，能夠實際交出業績，就是國際品牌想要進駐的主因。

但要培養死忠貴婦客群，並非只是鎖定國際級品牌招商那麼簡單。麗晶在 2020～2021 年能夠無畏全球新冠疫情，業績逆勢成長，關鍵就在獨立於櫃位之外，麗晶自有的「VIP 貴賓室」。這個貴賓室有別於櫃上空間，不僅整合大飯店資源，提供客人下午茶，還透過飯店獨特的「VIP 管家式服務」，成功收服品牌及貴客的心。

由於櫃上的場地受限，為了提供客人更好的服務，臨近品牌櫃位的貴賓室，就成為品牌與客人間培養感情的首選場地。例如：香奈兒每年都會固定向貴賓室租借場地，甚至有些品牌會選擇在淡季，請麗晶協助舉辦活動，或直接在貴賓室舉辦一場小型走秀。

另外，很多客人也能體諒疫情間的艱辛，願意在疫情間持續消費，品牌除了提供到府服務，也可直接把新品寄去客人家裡。

此外，麗晶精品已成立 30 多年，也累積了很多董娘及名媛貴婦多年培養出的感情及死忠的忠誠度。

三、原因之二：引進年輕化品牌，打造新的成長曲線

　　麗晶大飯店董事長潘思亮，也指示麗晶精品街主管，除了珠寶及國際一線品牌外，應要往年輕及多元等國際趨勢發展。當務之急，便是要重新調整櫃位，陸續引進：(1) 餐飲、(2) 生活休閒及 (3) 年輕化品牌；這 2 年疫情期間，約有 1/4 的櫃位陸續調整，企圖打造新的成長曲線。

　　這 1、2 年來，已有法式料理進駐，又陸續吸引 COAST、初魚、北海道超人氣鬆餅，以及蔬食餐廳等餐飲品牌進來。

四、原因之三：母公司晶華大飯店資源支援

　　麗晶精品街尚有母公司晶華大飯店的支援，包括晶華大飯店的客源、餐飲、客房等複合式附加價值等投入，都是麗晶精品街業績能逆勢成長的關鍵。

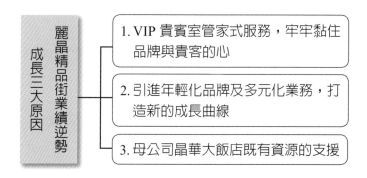

五、結語

　　靠著長年死忠的貴客基礎，加上多元彈性的新招商，麗晶精品街讓疫情期間無法出國的「貴婦經濟」發揮最大效益，營業額創下新高。如何持續打造尊榮感及新鮮感，用獨特且美好的購物體驗留客，是未來持續努力的方向。（註：麗晶精品街櫃位數超過 50 家，其中，50% 為國際精品、20% 為餐飲、15% 為珠寶、15% 為休閒生活。）

麗晶精品街櫃位
數分配比

1. 國際精品：50%

2. 餐飲：20%

3. 珠寶：15%

4. 休閒生活：15%

Q&A 問題研討

1. 請討論麗晶精品街在 2020～2021 年新冠疫情期間，業績仍能逆勢成長的三大原因為何？

2. 總結來說，從此個案中，您學到了什麼？

【個案 20】新光三越 vs. SOGO：壓力最大週年慶，二大百貨公司出什麼招

一、2021 年面對新冠疫情，百貨公司業績大幅衰退

2021 年 5 月，國內本土疫情爆發，6、7 月全民警戒時期，業績甚至掉到只剩 2、3 成，臺灣市場 2021 年 1～8 月，營收累計衰退 3～10%。因此，更有趁 2021 年 10～11 月週年慶檔期追回全年業績的壓力。

二、新光三越通路優勢極大化、萬名櫃姐自推選品

新光三越販促部協理彭緒箴表示，每年週年慶檔期的業績壓力都很大，不過如今國內疫情已趨緩並降級、五倍券（5,000 元）已發放給全民，此時週年慶正是最有機會帶進業績的時間點。如何在搶客的同時，確保員工及客人健康，成了最大壓力來源，甚至得模擬數十套劇本，演練各種狀況。

新光三越決定把全臺 20 個館的多通路優勢發揮到極大化；若有狀況，櫃姐須引導消費者到其他館別購物，甚至網路下單及取貨。新光三越已做好最壞打算、最好的準備。

另外，新光三越今年首次在 App 上推出「推薦購物的達人」服務，找來 2 萬多名主管及櫃姐，各自選出心目中的優質商品上架到網路，導引熟客在網站下單。

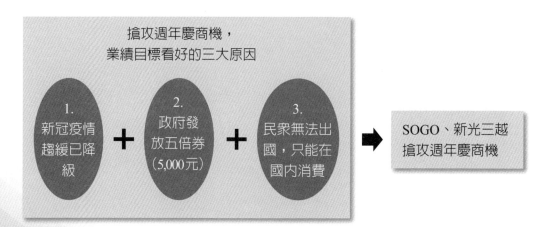

搶攻週年慶商機，業績目標看好的三大原因

1. 新冠疫情趨緩已降級 ＋ 2. 政府發放五倍券（5,000元） ＋ 3. 民眾無法出國，只能在國內消費 ➡ SOGO、新光三越搶攻週年慶商機

三、SOGO 花 2 億改裝一樓裝潢

迎戰百貨週年慶，SOGO 斥資 2 億元，甚至不惜犧牲 45 天裝潢時間，進行史上最大手筆改裝，將天花板及地面全部打掉重新裝潢。SOGO 營業總經理汪郭鼎松表示：「我們週年慶就是 12 天，對每位同仁來說都很神聖，所以半年前，就得開始準備。SOGO 忠孝館是領頭羊，為了維持地位，從年初就得掌握市場上的新產品及新需求，也必須透過一樓環境的改裝提升，來吸引國際新櫃位進駐。」

例如，這次忠孝館一樓化妝品區的改裝，最受矚目的就是獨家引進 Hermès（愛馬仕）彩妝專櫃。透過國際級一線精品加持，有助提高客單價。Hermès 的包包，年輕人不見得買得起，但幾千元的彩妝價格，他們負擔得起，那客單價就有機會提升。SOGO 透露，SOGO 一樓改裝後，顧客提袋率已從 6 成提升到 7～8 成，客單價落在 3,000～4,000 元。

另外，SOGO 忠孝館七樓打造由 SOGO 自營的男性專屬保養品選物店「MEN'S CARE STATION」，由訓練半年以上的員工為男顧客挑選適合膚質的保養品。

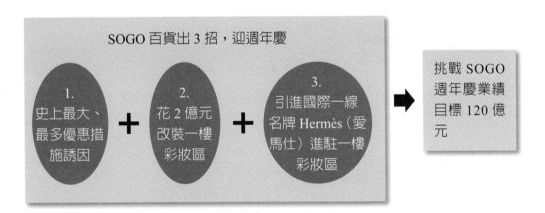

四、SOGO 著眼忠孝館下一個 30 年

事實上，SOGO 忠孝館改裝，不只是為了今年的週年慶，更著眼未來下一個 30 年。

SOGO 汪郭鼎松營業總經理表示：「我們發現，年輕客人離百貨公司愈

來愈遠。SOGO 主力客群大多落在 45～65 歲間，常被同業戲稱是全臺灣客群最老的百貨；而根據內部資料，近年平均消費 1 萬元以下的年輕客層也比過去衰退 10%。因此，如何透過新商品及新改裝環境，以創造新客層，就成了永續經營的關鍵。畢竟，SOGO 忠孝館還要再做 20～30 年，因此，必須得改變。我們相信東區是永遠不敗的黃金商圈。」

五、2024 年二大百貨公司週年慶比較

	新光三越	SOGO 百貨
2024 年營收額	930 億元	520 億元
前 8 個月衰退	−3%	−4%
週年慶時間	10/7～12/12	11/11～12/13
週年慶目標業績	202 億元	120 億元
週年慶搶客策略	• 達人推薦商品 • 整合 20 個館別 • 超低優惠	• 花 2 億元，改裝一樓化妝品專區 • 引進國際級 Hermès 彩妝專櫃 • 超低優惠

Q&A 問題研討

1. 請討論 2020～2021 年國內新冠疫情對百貨公司的衝擊如何？
2. 請討論 2021 年二大百貨公司週年慶業績目標為多少？看好的三大原因為何？
3. 請討論 SOGO 百貨週年慶推出哪 3 招，以挑戰週年慶業績目標？
4. 請討論 SOGO 忠孝館近年來的危機為何？有何對策？
5. 總結來說，從此個案中，您學到了什麼？

【個案 21】D＋AF 女鞋以超越千元女鞋的顧客體驗，抓住百萬會員，創造 5 億元營收

一、不用低價策略

2021 年臺灣網路女鞋品牌 D＋AF 以近 5 億元營收及 50 萬雙鞋的銷量成為龍頭，全球累積百萬會員數。

在平價、快時尚、同質性高的女鞋紅海中脫穎而出非易事，而低價格戰更是常見的手段。

D＋AF 創辦人張士祺回憶，在 2005 年進駐雅虎拍賣時，經營得非常辛苦。當對手模仿鞋款，賠本賣時，除了價格，你還剩下什麼？他意識到跟隨別人，注定被價格壓著跑。「只要讓客人在買一雙 1,000 元的鞋子時，能體驗到超過標價的價值，又何必降價到 500 元？」

每雙鞋定價在 1,000 元左右 → 不走網路、低價、紅海市場

二、優化官網介面，結帳只要 10 秒鐘

張士祺創辦人認為，經營的事，不能只看 CP 值，如果錢的目的是為了創造更大的價值，那就該投入資源。

以搭建官網為例，D＋AF 不採用市面上的電商網站模板，而是花更高的成本找專業資訊團隊，耗費 3 年建立專屬官網。

由於官網全面客製化，D＋AF 能依客人回饋調整使用介面，過往電商網站常有資料填寫複雜、線上刷卡需認證、拆併單得人工處理等問題，D＋AF 將訂單填寫流程簡化，包括自動填入取貨店家、採取安全又免簡訊認證的結帳服務，讓結帳時間從 2 分鐘降到 10 秒鐘，以高效結帳增加成單機會。

三、開設實體店

　　創造品牌價值的作法，也是出現在實體門市上。2021 年底，D＋AF 斥資 300 萬，在臺北東區打造第一間實體店。有別於多數電商僅將店面作為試穿空間，而且商品擺放擁擠且缺乏主題性；D＋AF 的商品陳列比一般店面少了 1/2，30 坪的店面中約擺了 120～160 雙鞋，營造較寬敞的氛圍，並聘請十幾位店員，而且每週推出新鞋、每季也改變主打鞋款，讓客戶在門市中享有專櫃鞋店的消費體驗。

　　D＋AF 實體店已成為該品牌的形象延續。

四、分散代工廠

　　D＋AF 過去為走一條龍模式，獨家包給一家工廠製鞋的模式，希望以量制價，但發生代工廠偷工減料、良率不佳、品質不一的問題後，D＋AF 就改為分散多家代工廠訂單模式，讓這些代工廠互相良性競爭，品質一差就換代工廠，以確保高品質目標。

五、只做自己擅長的事

　　從錯誤中，張士祺創辦人體認到「必須做自己擅長的事」，除了代工製造外包外，也將物流出貨委由專業物流倉儲公司協助，而 D＋AF 則將主要核心能力，放在「設計」及「行銷」上。該公司有 58% 人力是在設計部及行銷部，也是少數設有 6 位設計師的電商女鞋品牌。

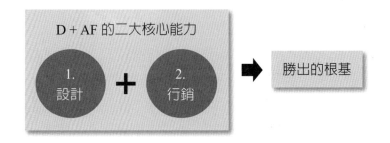

六、女鞋設計系列

在鞋子設計上，D＋AF 推出「舒適」與「時尚」二種主系列。前者耗費半年以上開發期，楦頭必須符合 80% 人的腳型，以提高回購率，例如：豆豆鞋一年可銷售 12 萬雙。而在快時尚類型，走一個月設計開發、一個月生產模式，用快速與選品眼光取得優勢。

七、走向國際，打入 33 國市場

D＋AF 不僅深耕國內市場，更走向國際，從 2015 年開始布局海外市場，用一雙千元不到的女鞋打入歐美、東南亞與日韓等 33 國市場，國際年營收約 1 億元，占全年營收 20%。

為了在社群平臺上吸引國際客戶的眼球，D＋AF 遠赴巴黎、紐約、希臘等知名景點拍形象照，營造跨國品牌形象。

針對鄰近臺灣的日韓、港澳與星馬市場，則與各地網紅合作，透過在 IG 及 YouTube 推薦，增加品牌的網路聲量。

八、結語

張士祺創辦人表示：「應把經營資源聚焦在小型市場，小企業也有可能勝過大企業。唯有放大優勢，做出差異化的策略與布局，才能讓 D＋AF 在競爭激烈的網路女鞋市場中，不斷成長進步！」

Q&A 問題研討

1. 請討論 D＋AF 為何不走低價策略？

2. 請討論 D＋AF 官網有何特色？

3. 請討論 D＋AF 開設實體店狀況如何？

4. 請討論 D＋AF 為何要分散代工廠？

5. 請討論 D＋AF 的二大核心能力為何？

6. 請討論 D＋AF 走向國際市場的狀況如何？

7. 請討論 D＋AF 創辦人在結語提到的內容為何？

8. 總結來說，從此個案中，您學到了什麼？

【個案 22】全家自營麵包廠的成功心法

一、第二年就轉虧為盈

麵包，正是繼咖啡商機後，接棒全家鮮食熱賣商品的品項；光一款日式鬆餅，可年銷 800 萬袋，甚至賣到缺貨，背後功臣就是全家自營的子公司「福比麵包廠」。

大家都說最快 3 年，但沒想到量產第二年就轉虧為盈。目前福比工廠生產的麵包全部供應給全家，貢獻全家麵包業績約一半比重。

全家自己做麵包的好處，一是可以創造產品區隔，二是麵包是很好的帶路商品，消費者買麵包後再買其他商品的併買率很高。整體來說，有助於提升來客數及客單價，對於營收及獲利都有正面加分。

二、日本股東同意設廠

全家長期以來，一直覺得國內麵包供應商都不能提升麵包的好吃度，因此，一直想自己投資麵包工廠。沒想到，日本全家股東卻反對自己做麵包廠，其主要理由是：「日本全家自己也沒有投入工廠，而且覺得通路利潤就已經那麼少了，為什麼還要做工廠？」

但臺灣全家並不因此放棄，而最後打動日本全家的原因是，當時日本 7-ELEVEn 也涉入工廠端，推出其他便利商店吐司 3 倍價格的「Gold 吐司」（晨光吐司），其價格雖高，卻是消費者調查人氣第一名。此證明便利商店能開發差異化麵包商品，以商品力及高價值帶給消費者新鮮感，日本全家才終於同意。

三、明星商品誕生，靠的是不停的市調

全家福比麵包廠建廠就投資了 17 億元，工廠建置都是由日本全家引薦的麵包供應商 Okiko 做技術指導，比照日本標準來打造。

最新的機器設備為福比麵包廠奠定成功第一步，而福比麵包在 2018 年

即能轉虧為盈，除了3,600多家門市店長願意進貨之外，關鍵還有新推出的日式鬆餅及匠吐司等多款明星商品。

日式鬆餅上市一週，銷量就翻倍，一年更可賣出800萬袋，原因除了市面上袋裝麵包多以臺式口味為主，日式鬆餅有區隔性之外，為了提升口感，全家前後來回調整，開發時間超過一年，是一般商品的3倍，配方調整不下十次之多，還請日本團隊協助重新調配鬆餅粉。

另外，福比廠總經理林純如的高標準要求，也是持續進步的關鍵。一款產品從開發到上市要5～6個月，最後一關就是要通過林總經理的認可同意，但總經理相當嚴格。

有一次，在巧克力口味鬆餅開發過程中，當團隊已研發多次，覺得沒問題了，林總經理卻回應：「這樣子的口感，你們覺得消費者能夠接受嗎？」她對品質的嚴格把關可見一斑。

明星產品推出後，全家還須推陳出新。例如：鬆餅推出第一代後，又透過市調察覺消費者期待有內餡顆粒，於是又再調製，使顧客感受更好的口感。

全家靠市調在細節上不斷的精進，像吐司系列「匠吐司」經過二次市調，發現消費者喜歡一包吐司內含雙數片，便將一袋從七片改為八片，甚至推出鹹口味的夾心吐司，帶動匠吐司系列業績的成長超過3成。現在，全家家庭號吐司一年可銷售超過1,800萬條。

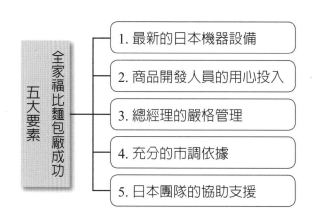

四、結語

臺灣一年 600 億元的烘焙商機，吸引全聯等超市紛紛搶入，全家也在積極大展身手。在福比麵包廠的既有基礎上，全家已成功吸引不少上班族族群。（註：福比麵包廠 2024 年營收額為 15 億元，獲利 7,500 萬元。）

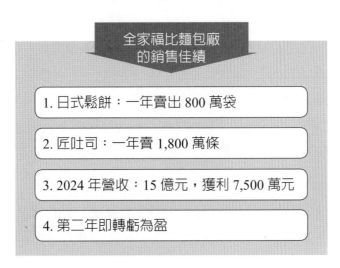

全家福比麵包廠
的銷售佳績

1. 日式鬆餅：一年賣出 800 萬袋

2. 匠吐司：一年賣 1,800 萬條

3. 2024 年營收：15 億元，獲利 7,500 萬元

4. 第二年即轉虧為盈

Q&A 問題研討

1. 請討論全家福比麵包廠的成功五大要素為何？
2. 請討論日本全家股東最初反對臺灣全家投資麵包廠的原因為何？最後又同意的原因為何？
3. 請討論福比麵包廠的銷售佳績為何？
4. 總結來說，從此個案中，您學到了什麼？

【個案 23】優衣庫在臺成功經營心法

　　日本優衣庫（UNIQLO）是日本第一大平價國民服飾的產銷一條龍公司，目前為全球第三大服飾公司，僅次於西班牙的 ZARA 及瑞典的 H&M 公司。

　　日本優衣庫 2018 年的全球年營收額達到 5,500 億臺幣，獲利約 550 億臺幣，獲利率為 10%。

　　優衣庫來臺已有 15 多年，經營算是成功的。

一、優衣庫的行銷策略分析

（一）產品策略（Product）

　　優衣庫的產品策略，以設計出多款服飾來滿足大眾的需求。它的 T 恤、保暖發熱衣、羽絨外套、夏天涼感衣、牛仔褲都是非常受歡迎的款式。年輕人及上班族都是主要的銷售對象。

（二）價格策略（Price）

　　優衣庫產品的定價，都是非常親民及大眾化的，多數產品定價一般都在 500～1,000 元左右，最貴的不會超過 4,000 元。而且經常會有感謝祭等的促銷折價優惠。優衣庫可說是國民服飾的親民價格代表。

（三）通路策略（Place）

　　優衣庫在全球有 2,400 多家直營門市店，在臺灣也有 70 多家門市店，主要分布在全臺六大都會區，消費者要購買優衣庫商品也算很方便。優衣庫的每家門市店都是以大坪數為主，陳列也很吸引人，服務水準也不錯。

（四）推廣策略（Promotion）

優衣庫的推廣宣傳策略，非常多元化，而且利用整合行銷手法，促進最好的銷售效果。

1. 代言人

優衣庫曾經選擇藝人桂綸鎂、周渝民、侯佩岑等人作爲代言人，希望拉抬優衣庫品牌的喜愛感及忠誠度，效果不錯。

2. 感謝祭促銷

優衣庫在各大節慶，也會推出感謝祭等促銷的優惠價格，有效集客，拉升業績。

3. 電視廣告

早期的優衣庫以形象及代言人廣告方式爲主，現在則以主打產品的廣告方式爲主。電視廣告另一目的，也是在維持優衣庫的品牌曝光聲量。

4. 戶外廣告

優衣庫經常運用北市捷運、公車及大型看板做戶外廣告宣傳之用，使品牌曝光度達到鋪天蓋地的目標。

5. 網路行銷

優衣庫也設立網路商店，作爲網路（線上）訂購，方便顧客。此外，也專注 FB 及 IG 粉絲團經營，養成忠誠的粉絲會員。另外，也有一些行銷預算，用在 FB 投放廣告上，以觸及年輕的消費族群。

6. 媒體報導

優衣庫也透過公關公司的協助，盡量將各種官方新聞稿曝光在平面媒體的報導上，讓線上與線下媒體均可見到優衣庫的新聞報導及品牌露出。

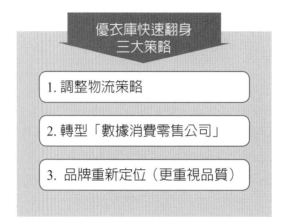

優衣庫快速翻身
三大策略

1. 調整物流策略

2. 轉型「數據消費零售公司」

3. 品牌重新定位（更重視品質）

二、優衣庫的關鍵成功因素

總結來說，優衣庫在臺灣的成功經營，可歸納為下列 5 點因素：

（一）落實顧客導向

做出顧客想要的物美價廉平價服飾。

（二）在地化成功

優衣庫在臺灣的經營，不管在用人、商品開發、行銷宣傳、廣告製拍、促銷活動等都完全的在地化、本土化。

（三）定位成功

優衣庫定位為平價的國民服飾，並以 20～40 歲消費族群為主要顧客，可說定位非常清楚。

（四）貫徹高品質宣言

優衣庫秉持日本企業一貫的精神，堅持做出高品質的商品，以高品質贏得消費者的信賴。

（五）行銷宣傳策略成功

優衣庫廣泛運用整合行銷的模式，充分將電視廣告、代言人、戶外廣告、網路廣告、粉絲經營……等，有效的整合在一起，使品牌露出聲量達到最高，時時刻刻印在顧客眼睛及內心深處，建立起服飾業強勢的領導品牌，

而且擁有高的市占率。

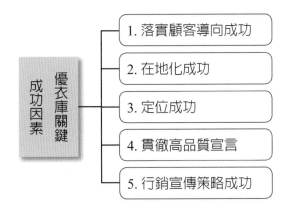

<table>
<tr><th colspan="2">個案重要關鍵字</th></tr>
</table>

1. 平價國民服飾的定位

2. 做出物美價廉的服飾

3. 重視產品開發、領先降低成本、高效率營運

4. Made for all！做出人人可穿的基本款服飾

5. 研發、設計、製造、行銷、銷售一條龍整合公司

6. 翻身的三大策略

7. 國際化團隊與視野

8. 行銷 4P 策略（產品、價格、通路、推廣）

9. 感謝祭促銷活動

10. 跨媒體整合行銷宣傳

11. 在地化成功

12. 落實顧客導向，貫徹高品質宣言

Q&A 問題研討

1. 請討論優衣庫的行銷 4P 策略爲何？

2. 請討論優衣庫在臺灣經營成功的關鍵因素爲何？

3. 總結來說，從此個案中，您學到了什麼？

【個案 24】振宇五金連鎖店營收成長的祕訣

一、公司簡介

振宇五金超市是臺灣最大的五金專業賣場，該公司 2024 年營收為 20.5 億元，比寶家高；門市店數 62 家店，也比特力集團多。2024 年營收成長率達 7.4%，比同業營收成率 2.6% 高出許多。

振宇五金定位在「五金超市」，它每店的坪數規模為 150 坪，比傳統五金行大，而且顧客能夠一站購足，品項多也是該店特色之一。

二、補上市場缺口

臺灣都會區五金行不好找，過往消費者大多是能從特力屋找到五金品項，或去傳統五金行購買，而振宇五金主打現代化、數位化、一站購足，正好補上市場需求的缺口。

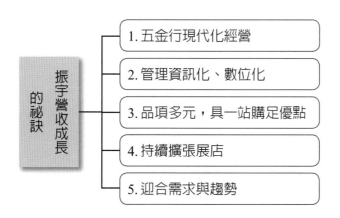

三、數位化系統提高效率

振宇總經理洪國展表示，30 年前，振宇剛成立時，一切資料都靠人工作業及抄寫，員工甚至得利用下班時間點貨，每天都加班 3 小時。他接手後，就將系統全面資訊化及數位化；靠數據算出需求量，設定安全庫存，不

足的，就自動下單給供貨商，結果是提高效率，員工能準時下班，並大量節省人工成本，總庫存金額也節省 2 成。

有了數位好系統當後盾，振宇再靠人才與賣場陳列二招，讓展店速度加快，稱霸全臺。

四、培養儲備店長

2011 年起，總經理洪國展一改五金零售業極為傳統，看年資升遷的習慣，成立店長培訓班；遴選優秀員工，手把手指導營運眉角，培養儲備人員，穩固了每店營運的基石，顯見店長人才團隊是很重要的。

五、陳列標準化

同時，振宇公司也有一套商品陳列標準化的規則，讓 1 萬多種品項都有固定的位置。走進全臺 62 間振宇五金門市，油漆都擺放在同一排、同一個貨架上。好處是擺設一致、展店快，顧客也能快速找到需求品項。而且，能在同樣基準上分析，比較各店的營業表現，甚至能用來檢視員工績效，把每個走道設定成不同店員的 KPI，比較各店店員銷售成績。

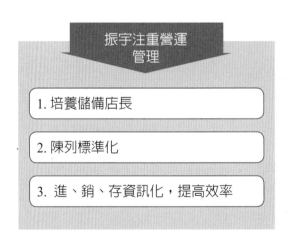

振宇注重營運管理

1. 培養儲備店長
2. 陳列標準化
3. 進、銷、存資訊化，提高效率

六、公司營收 6 成來自 DIY 散客

洪國展總經理表示，該公司也為散客的 DIY 族做出許多改變。例如：過去專業師傅螺絲的購買量大，一次千支起跳，但現在散客多選購僅十支的小包裝，上頭還印製使用說明，店員甚至要會幫 DIY 族挑選工具、示範維修方法。過年過節，還會走進社區，教民眾修理紗窗、紗門、漏水蓮蓬頭等，讓五金賣場更親民。目前，該公司營收已經有 6 成來自 DIY 散客。

七、五金不是夕陽產業

目前，臺灣傳統五金行每年減少 500 家，但未來，振宇五金卻要鎖定全臺人口滿 8 萬人的鄉鎮持續擴張，預計開出 200 家門市店。

洪國展總經理表示：「臺灣屋齡老化，五金這東西，你住幾年就會需要，有人生活的地方就有五金。」五金不是夕陽產業，問題只在能不能滿足當代社會需求及持續進化。

八、五金需求的緣由

洪國展總經理提出近年來五金熱需求的 3 個原因：
1. 居家修繕風潮興盛牽動需求，尤其專業師傅供給變少，使消費者必須自己動手做。
2. 少子化使得人力成本增加，水電師傅工資翻倍，消費者 DIY 省錢。
3. 臺灣屋齡老化，修繕需求增加，每年增 2 成。

通路業者因此抓緊此風潮，要在競爭激烈的通路大戰中，找到新突破點。

Q&A 問題研討

1. 請討論振宇五金的公司簡介。
2. 請討論振宇五金近年來營收成長的 5 祕訣為何？
3. 請討論振宇五金如何注重管理？
4. 請討論振宇五金面對近年五金熱需求的 3 個原因為何？
5. 總結來說，從此個案中，您學到了什麼？

【個案 25】社區型百貨公司 —— 宏匯廣場如何翻身

一、社區型百貨未來一定會發展得更好

2023 年，百貨公司受惠於疫情解封後業績大漲，總計營收年增 14%，優於整體零售業平均值。然而，位在新北市新莊的宏匯廣場，營收卻大幅成長 33%，達到 41 億元，不僅較開幕時幾乎翻倍，更喊出 3 年後，將挑戰 70 億元。

在宏匯廣場擔任執行董事的柯愫吟分析原因如下：

1. 居住結構改變。愈來愈多年輕家庭往臺北市以外的郊區居住，讓社區型百貨公司可以服務的顧客母數提升，形成新的成長動能。他指出宏匯廣場瞄準的在地客群，有新莊、三重、蘆洲等地區的 100 多萬人口。
2. 疫情改變了人們的工作及消費模式，更習於就近休閒、餐飲及購物。

二、做對幾件事情

柯愫吟執行董事帶領團隊做的第一件事，就是更細緻描繪在地客群的輪廓。他們發現目前宏匯是由 8 成家庭客及 2 成上班族商務客組合而成。他們還發現附近一群獨特在地客群是在附近擔任中小企業的老闆，消費力強，但高度注重性價比的消費者，重視 CP 值一定要到位。針對這群注重 CP 值的客人，宏匯就增加精品及名錶。

在理解在地客群面貌後，他們做的第二件事，即讓客人有誘因經常來，甚至天天來，必須讓他們每次來都有新東西。首先，爲了促使客人天天來，他們擴大了餐飲占比，目前已拉到 30% 之高。

其次，是頻繁更換快閃店。快閃店是強化新鮮感的關鍵，平均每一、二週就需要更換一次快閃櫃。例如：有鑑於館內化妝品業種較少，就增加韓國品牌 innisfree 的快閃櫃。

最後，是加入更「日常生活」的服務，繼續提升本地客人的造訪頻率，目標是一週來店二次以上。例如：宏匯新開幕的日本超市，讓顧客可以買熟

食便當回家食用，加強滿足父母客群的需求。

三、快速因應，找出策略，非常重要

　　為調整宏匯體質，柯執行董事還做出不少大刀闊斧的改革，包括將 VIP 額度從年消費額 30 萬降為 15 萬。柯執行董事最後表示：「百貨業現在競爭很激烈，如何能夠快速因應，然後找出策略及對策，這非常重要。」

　　而宏匯廣場等社區型百貨賣場目前踩在消費者居住及消費模式改變的基礎上，開始深耕在地客群，正在創造自己的機會與優勢。

Q&A　問題研討

1. 請討論為何柯素吟執行董事會認為未來社區型百貨賣場發展會更好？
2. 請討論宏匯百貨賣場做對了哪些事情？
3. 請討論「快速因應，找出策略」的重要含意為何？
4. 總結來說，從本個案中，您學到了什麼？

【個案 26】統一超商成為臺灣最大鮮食便當連鎖店

一、泛鮮食銷售成績

統一超商一年在泛鮮食類產品的銷售金額高達 570 億元，占全年收入的 30% 之高，其主要成績如下：

1. 便當：一年賣 2 億個。
2. 御飯糰：一年賣 1 億個。
3. CITY CAFE：一年賣 3 億杯。
4. 關東煮：一年賣 7 億個。
5. 茶葉蛋：一年賣 7,000 萬顆。
6. 麵包：一年賣 1 億 6,000 萬個。

統一超商已成為臺灣最大廚房，其泛鮮食營收 570 億元是王品公司業績的 2 倍之多。

二、外食機會變多

臺灣外食機會變多的主要原因：一是現在都是小家庭居多，自己做菜開火機會少，都是在外面解決三餐。二是擁有 1,000 萬人口的廣大上班族，早餐及午餐經常在公司附近的餐廳或便利商店消費。在上述二大原因之下，外食機會變多，而且市場規模也愈來愈大。

三、取經日本

日本鮮食供應鏈發展非常成熟，其上游供應商也經常來提案，整個便利商店 1/3 的空間，幾乎都是陳列鮮食便當，樣式非常多元化、美味化、創新化。反觀臺灣，早期便利商店非常辛苦，都要教導這些上游供應商們如何開發、如何製作、口味如何，以及如何創新。

早期，統一超商甚至派人赴日本超商購買店內便當回臺灣試吃，然後模仿、學習，如今已追上日本超商的鮮食水準了。

四、直營生產＋委外生產

統一超商現在共計有 11 個全國各地的鮮食廠，其中：

1. 在臺北、臺南、高雄、花蓮等 4 個地區是自己設廠，直接生產供應。
2. 在基隆、桃園、彰化等 3 個地區是委託聯華食品公司生產提供。
3. 另外，還有 4 家在各地區委外生產。除了全臺 11 個鮮食廠外，統一超商在全臺也有 12 個低溫配送物流中心，供應全臺 7,200 家門市店的鮮食。

這些鮮食廠主要是生產便當、御飯糰、壽司、三明治、漢堡等。

統一超商對自己或對供應商，都有很嚴謹的供應商管理辦法及品質管控作業細則規定等。長期以來，統一超商對食安問題都管制得很好，生產幾億個便當都沒有發生食安問題，其品質獲得幾百萬消費人口的肯定及信賴。

五、新品上市

統一超商的鮮食便當每個約 60～100 元之間，御飯糰每個約 35～50 元之間，近期新產品如：三起司烤雞義大利麵、烤雞起司肉醬焗飯、一鍋燒日式親子丼、雙蔬鮪魚飯糰、新極上飯糰帝王鮭……等。

統一超商的鮮食策略，就是從好食材、好配菜，以及名店聯名策略著手。

六、關鍵成功因素

統一超商經營泛鮮食類產品的成功因素，共計有下列 7 項因素：

1. 能不斷開發新口味，不斷創新求變。

2. 品質控管嚴格，長期均無食安問題。

3. 鋪貨 7,200 家店，購買方便。

4. 當日物流配送，提高新鮮度。

5. 早期借鏡日本鮮食便當的配菜及口味。

6. 外在環境成熟，外食商機大幅成長。

7. 鮮食供應鏈的扎實建立。

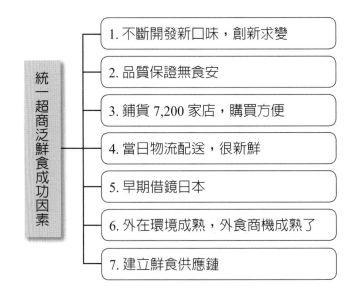

重要觀念提示

1. 統一超商一年在泛鮮食類產品的銷售額達 570 億元之多，超越很多公司的營收額，值得讚嘆。

2. 統一超商掌握了消費者外食機會增多的新商機，因此，任何企業如何觀察、分析、應對、掌握外部大環境變化的新商機，這是很重要的觀念。

3. 統一超商剛開始也是取經日本的發展經驗，因此，企業經營必須借鏡先進國家的做法，才能發展成功。

4. 統一超商對自己及對外包供應商製作鮮食產品的要求細則相當多，就是為了食安問題；此種注重細節、要求嚴格品質的做法及精神，值得所有企業學習。

個案重要關鍵字

1. 泛鮮食產品占全年收入 30%

2. 全臺最大便當及咖啡公司

3. 外食機會變多

4. 外食市場規模變大

5. 取經自日本

6. 鮮食供應鏈

7. 直營生產＋委外生產

8. 嚴謹供應商管理制度

9. 品質管控作業細則

10. 做好食安、確保品質

11. 新品上市

12. 不斷開發新口味

13. 物流即時配送、保持新鮮

14. 外部環境成熟了

Q&A 問題研討

1. 請討論統一超商泛鮮食類的銷售成績如何？

2. 請討論臺灣的外食商機如何？

3. 請討論統一超商泛鮮食產品的生產據點及物流據點如何？

4. 請討論統一超商泛鮮食類的成功因素有哪些？

5. 總結來說，從此個案中，您學到了什麼？

【個案 27】臺灣最大美式量販店——好市多經營成功祕訣

一、大型批發量販賣場的創始者

美國好市多全球大賣場計有 879 家店，全球收費會員總數超過 9,000 萬，是全球第二大零售業公司，僅次於美國的 Walmart（沃爾瑪）。

好市多於 1997 年，即 20 多年前來臺灣，首家店開在高雄，目前全臺有 14 家店，都是大型賣場。目前會員總數，全臺為 400 萬人，年營收達 1,200 億臺幣，與家樂福非常接近，可說是臺灣前二大的量販店大賣場。

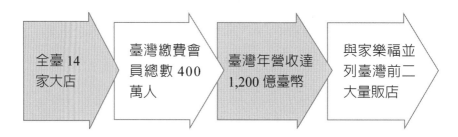

二、好市多的商品策略

根據好市多的官網顯示，好市多的優良商品策略，有以下 4 點：[1]

1. 選擇市場上受歡迎的品牌商品。
2. 持續引進特色進口新商品，以增加商品的變化性。
3. 以較大數量的包裝銷售，降低成本並相對增加價值。
4. 商品價格隨時反映廠商降價或進口關稅調降。

---

[1] 此段資料來源，取材自臺灣好市多官網（www.costco.com.tw）。

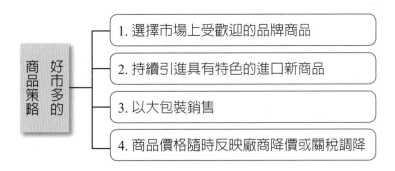

好市多的商品策略

1. 選擇市場上受歡迎的品牌商品

2. 持續引進具有特色的進口新商品

3. 以大包裝銷售

4. 商品價格隨時反映廠商降價或關稅調降

三、毛利率不能超過 11%，為會員制創造價值

　　好市多美國總部有規定，各國好市多的銷售毛利率不能超過 11%，而以更低售價，反映給消費者。一般零售業，例如臺灣已上市的統一超商及全家，其損益表毛利率，一般都達 30～35% 之高，但全球的好市多，毛利率只限定在 11%。這種低毛利率反映的結果，就是它的售價會因此更低，而回饋給消費者。

　　那麼，好市多要賺什麼呢？好市多主要獲利來源，就是賺會員費收入，例如：臺灣有 400 萬會員，每位會員的年費約 1,350 元，則 400 萬會員乘上 1,350 元，全年會員費淨收入，就高達 54 億元之多，這是純淨利收入。能靠會員費收入的，全球僅有好市多一家而已，足見它相當有特色，值得會員付出年費。而好市多的訴求，則是如何為消費者創造出付年費的價值。亦即，好市多能讓顧客用最好、最低的價格，買到最好的優良商品，以及其他賣場不易買到的進口商品。

　　好市多的臺灣會員卡，每年續卡率都高達 92%，這又確保了每年 54 億元的淨利潤來源。

會員人數 400 萬人　＋　每人每年繳交 1,350 元　➡　臺灣 COSTCO 會員卡一年淨收入達 54 億元

四、好市多幕後成功的採購團隊

　　臺灣好市多經營成功的背後,即是有一群高達 80～100 人的採購團隊,他們是從全球 10 多萬品項中,挑選出 4,000 個優良品項而上架販賣。臺灣好市多採購團隊的成功,有幾點原因:

1. 這 80～100 人都具有多年商品採購的專業經驗。

2. 他們從臺灣本地及全球各地去搜尋適合臺灣的好產品。

3. 任何產品要上架,他們都要經過內部審議委員會多數通過後,才可以上架。因此,有嚴謹的機制。

4. 他們站在第一線,以專業性及敏感度為顧客先篩選品項,選出好的且適合的才上架。

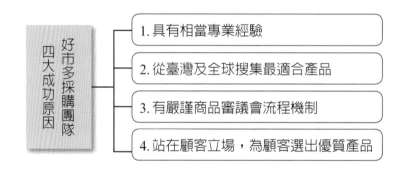

五、以高薪留住好人才

　　臺灣好市多每家店約雇用 400 人,全臺 14 家店約雇用 5,000 多人,其中有 8 成第一線現場人員是採用時薪制,好市多給他們的薪水相當不錯,以每週工作 40 小時計,每月的薪水可達到 4 萬元之高,比外面同業的 3 萬元薪水,要高出 3 成之多。另外,臺灣好市多也用電腦自動加薪,每滿一年就按制度自動加薪,都是標準化、自動化的,不會用人工,以免疏漏。

　　臺灣好市多認為,給員工最好的待遇,就是直接留住人才最好的方法。這是好市多在人資作法上的獨道之處。

六、企業文化鮮明

臺灣好市多遵從美國總部的理念，它有四大企業文化，就是：

1. 守法。
2. 照顧會員。
3. 照顧員工。
4. 尊重供應商。

七、販賣美式商場的特色

臺灣好市多的最大特色，就是它跟臺灣的全聯、家樂福大賣場都不太一樣，好市多是販賣美式文化、美式商場的氛圍，而全聯及家樂福則是較本土化的感覺。

好市多全賣場僅約 4,000 個品項，家樂福則為 4 萬個品項，但好市多品項有 4 成都是從美國進口來臺灣的，美式商品的感受很濃厚，這是它最大特色。

八、關鍵成功因素

臺灣好市多經營 20 多年來，已成為國內成功的大賣場之一，歸納其關鍵成功因素，有下列 7 點：

（一）商品優質，且進口商品多，少見的美式賣場文化

臺灣好市多的商品，大多經過採購團隊嚴格的審核及要求，因此，大多是品質保證的優良商品。而且進口商品、美式賣場的氛圍，與國內其他賣場產生明顯的不同及差異化特色，吸引不少消費者長期惠顧。

（二）平價、低價，有物超所值感受

臺灣好市多毛利率只有 11%，相對售價就能降低，因此，到好市多購物就有平價、低價的物超所值感受，而這就是每年付 1,350 元的權益。

（三）善待員工，好人才留得住

臺灣好市多以實際的高薪回饋給第一線員工，並有其他福利等，如此善

待員工，終於留得住好人才，而好人才也為好市多做更大的貢獻。

（四）大賣場布置佳，有尋寶快樂購物感覺

由於是美式倉儲大賣場的布置，因此視野寬闊，進到裡面有種尋寶快樂購物的感覺，會演變成習慣性的再次購物行為。

（五）保證退貨的服務

好市多推出只要商品有問題，就一律退貨的服務，也帶來好口碑。

（六）會員制成功

臺灣好市多成功拓展出 400 萬名繳交年費的會員，一年有 54 億元收入，成為好市多最大利潤的來源，因此，它可以用低價回饋給會員，創造會員心目中年費的價值所在。於是，好市多就不斷努力在定價、商品及服務上，創造出更多、更好的附加價值，回饋給顧客，形成良性循環。

（七）賣場兼用餐的地方

每個好市多賣場，除了賣東西之外，也有美式速食的用餐場所，方便顧客肚子餓了，有可以吃東西的地方，這也是良好服務的一環，設想周到。

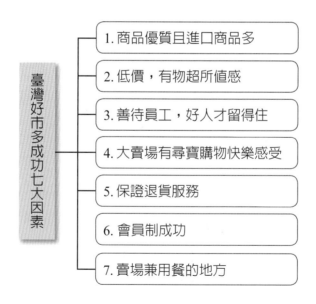

臺灣好市多成功七大因素
1. 商品優質且進口商品多
2. 低價，有物超所值感
3. 善待員工，好人才留得住
4. 大賣場有尋寶購物快樂感受
5. 保證退貨服務
6. 會員制成功
7. 賣場兼用餐的地方

九、核心理念與價值

　　根據好市多臺灣區的 2019 年秋季版會員生活雜誌，提到好市多的三大核心理念與價值如下：[2]

（一）對的商品：每一個品項都是我們的明星商品

　　我們所販售的商品與服務，都是為了使會員的生活更豐富、愉快，更重要的是，我們推出能讓會員感到滿足的品項，能夠進入 COSTCO 賣場等待上架的商品，皆經過一番嚴格篩選，才能夠登上賣場的舞臺，因此每一項商品都是我們的明星商品。

（二）對的品質：貫徹到底的品質控管

　　我們的採購團隊會到商品的製造場所確認品質，也會從勞工、原物料、勞動環境、衛生狀態等多方考慮、調查，如果未能達到 COSTCO 品質控管的標準，無論是市面上再熱門的商品，在對方徹底改善之前，我們都不願上架銷售。如此嚴格的標準，也代表我們對會員的責任。

（三）對的價格：盡可能的低價

　　在設定銷售價格時，我們首先考慮的絕不是如何獲利的計算方法。確保了對的商品與對的品質之後，我們才會開始評估進貨成本，包括：生產者的堅持與講究、商品的運輸成本、在市場上的品質優勢、與其他競爭廠商的價格比較，以及所有相關人員的付出來做出評價，藉此設立最適當的價格。

好市多三大核心理念
1. 對的商品
2. 對的品質
3. 對的價格

2　此段資料來源，取材自臺灣好市多會員生活雜誌，2019 年秋季版，頁 21。

重要觀念提示

1. 全球唯一一家採收費會員制可以成功的，只有好市多（COSTCO）。

2. 好市多的三大核心理念就是：用對的商品、對的品質、對的價格，提供給消費者。

3. 好市多大賣場讓消費者有尋寶的快樂體驗。

4. 零售百貨業必須選擇市場上受歡迎品牌且具特色的商品給顧客。

5. 零售百貨業應該努力控制毛利率，為會員顧客創造可感受到的價值，並回饋給會員顧客。

6. 零售百貨業應站在顧客立場，以最好的價格、最優質商品及別的賣場買不到的商品，提供給顧客。

7. 零售百貨業必須組建強大的商品採購團隊，才能打造出賣場強大的商品力。

個案重要關鍵字

1. 以高薪留住好人才

2. 建立電腦自動加薪制度

3. 打造優良企業文化、組織文化

4. 販賣美式商場特色

5. 平價、低價、物超所值感受

6. 善待員工、照顧員工

7. 保證退貨制度

8. 收費會員制的成功

9. 續卡率達 92%

10. 增加賣場尋寶購物的體驗

11. 貫徹到底的品質控管

12. 強大採購團隊

13. 每一個品項都是我們賣場的明星商品

14. 商品審議委員會

15. 為會員顧客創造高附加價值

【個案 28】臺灣百貨之首 ── 新光三越改革創新策略

一、面對四大挑戰

國內百貨公司近幾年來，有了很大變化，主要是面對下列四大挑戰：

1. 面對電商（網購）瓜分市場的強烈競爭壓力。尤其，電商業者在網路上的商品品項多、超商取貨及宅配快速到家，以及價格較低，受到年輕消費者的歡迎。
2. 面對新時尚服飾品牌的強烈競爭，例如：UNIQLO、ZARA、H&M 等瓜分不少百貨公司二樓服飾專櫃的生意。
3. 面對國內連鎖超市、連鎖大賣場、3C 連鎖店及連鎖美妝店大幅展店而瓜分市場的不利影響。
4. 面對近幾年國內經濟成長緩慢，景氣衰退，買氣也縮小之影響。

二、因應的六大應對策略

新光三越身為國內百貨公司的龍頭老大，其應對外部挑戰之策略如下：

（一）重新定位及區隔

新光三越百貨面對外部環境的巨變及競爭壓力，展開了重新定位及區隔：

1. 總定位：不再是純粹買東西的百貨公司，而是提供顧客體驗美好生活的平臺與中心（Living Center）。
2. 臺北信義區 4 個分館的區隔定位：
   (1) A11 館：以年輕族群為對象。
   (2) A9 館：以餐飲為主力。
   (3) A8 館：以全家庭客層為對象。
   (4) A4 館：精品館。

（二）擴大餐飲美食，變成百貨公司最大業種

餐飲是可以吸引消費者上百貨公司的主要業種，因此，新光三越在改裝上，就刻意擴大餐飲美食的坪數，目前它的營收額已超越一樓化妝品及精品類，成為百貨公司內的最大業種別，營收占比已達 25% 之高。

（三）多舉辦活動及劇場

新光三越為吸引人潮到百貨公司，因此，近年起，每年舉辦超過數十場次的舞臺劇、表演工作坊及大大小小的展覽活動等，事實證明達到了效果。

（四）空間設計創意突破

新光三越把二樓天橋連接 4 個館，將每個百貨公司的牆面打開，並設立新專櫃，讓往來行人能一眼看到館內的品牌商品陳列，而非過去冷冰冰的玻璃，提高消費者入門誘因及觀賞，不只是路過而已。

（五）打破一樓專櫃邏輯

過去一樓都是化妝品及精品的專櫃陳列，現在則是改為汽車展示、咖啡館、快閃店等突破性做法。

（六）驚喜打卡活動

例如：在耶誕節，新光三越曾與 LINE FRIENDS 合作，布置 17 公尺超大型耶誕樹，吸引民眾打卡上傳 IG 及 FB，以吸引年輕人潮，及做好社群媒體口碑宣傳。

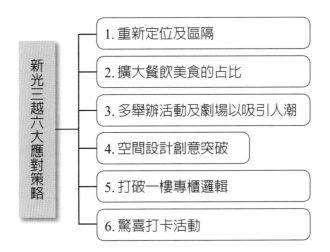

三、面對臺北信義區 14 家百貨公司高度競爭的看法

　　新光三越高階主管面對前述四大挑戰，以及面對臺北信義區 14 家百貨公司高度競爭之下的未來前景有何看法時，表示如下意見：

1. 若追不上顧客需求，就會被淘汰。
2. 雖面對競爭，但可以把市場大餅共同做大。
3. 競爭也會帶進更多人潮，市場總規模產值會更成長。
4. 不怕競爭，隨時要機動調整改變。
5. 要快速求新求變，滿足顧客的需求。
6. 要加速改革創新的速度，走在最前面，超越市場挑戰。
7. 重視第一線銷售觀察，精準掌握顧客需求。

重要觀念提示

1. 當企業面臨嚴重困境時，必須重新思考定位，定位在一個可以活下去的生存環境中。
2. 哪一種可以吸引消費者的業種，就是百貨業者必須加速引進的。消費者的真正需求，才是做決策的根本思維。
3. 當百貨零售業面對困難，一定要從軟體與硬體思考如何改造，才能吸引消費者上門。
4. 在激烈變動的環境中，若追不上顧客需求，就會被淘汰。

5. 企業經營要不怕競爭，隨時要機動調整及改變。

6. 要快速求新、求變、求更好，才能突破危機。

7. 零售百貨業必須組建強大的商品採購團隊，才能打造出賣場強大的商品力。

Q&A 問題研討

1. 請討論國內百貨公司面對的四大挑戰為何？

2. 請討論新光三越百貨應對外部挑戰之六大策略為何？

3. 請討論新光三越百貨面對臺北信義區 14 家百貨公司高度競爭的看法為何？

4. 總結來說，從此個案中，您學到了什麼？

【個案 29】SOGO 百貨日本美食展經營的成功祕訣

一、日本美食展龍頭老大

臺北 SOGO 百貨每年舉辦春、夏、秋三季日本美食展，30 多年來已做出口碑及人氣，廣受顧客歡迎及喜愛；每次展示業績已從 4,000 萬元成長到 7,000 萬元，成為 SOGO 百貨獲利來源之一，也是國內各大百貨商場舉辦日本美食展的龍頭老大。

SOGO 百貨每次舉辦日本美食展，總會使盡全力找到日本當地美味商品的一線廠商及好東西進到臺灣 SOGO 百貨來展示並銷售，很多產品都是季節限定與 SOGO 限定的產品。

而在顧客端方面，幾十年來，SOGO 的此種展示，亦吸引了數十萬人次到現場試吃及購買。特別是很多喜愛日本美食的老顧客，經常會回流來訂購，這已經穩固了每次展示的基本業績，此即稱為「熟客效應」。

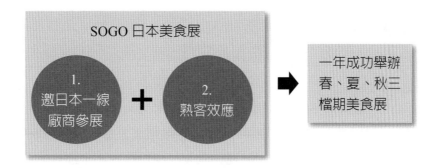

二、選品「夠專、夠全、夠新」

SOGO 百貨早在展前 3、4 個月，營業部門就要提前開始做招商規劃；尤其，每年都要引入 2～3 成的新商品，才能使顧客保有新鮮感，同時，也要趁此機會，淘汰掉同比例業績不佳的日本廠商。

SOGO 百貨每年都會派出營業部門幹部赴日本當地尋找新商品，並且展

開洽談、溝通與說服來臺灣展示。尤其，SOGO 營業人員不僅要懂日文，更要對日本新產品有判斷力及經驗，深入洞察，才會找到臺灣顧客喜愛及可接受的日本暢銷食品。

除此之外，SOGO 百貨也對這些來臺參展的日本廠商提供全方位服務，包括入關程序、冷藏、倉庫、報關、翻譯工讀生、住宿等之全面性協助，日本廠商只要提供現場人力及足夠商品即可，這樣就大大減輕日本廠商的負擔了。

總結來說，SOGO 百貨 30 多年來，均能成功舉辦日本美食展的重要祕訣，就是 SOGO 百貨「夠專、夠全、夠新」的三大特色及原則，能夠將原汁原味的日本美食產品，空運到臺北 SOGO 來展示及銷售。

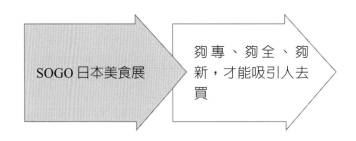

重要觀念提示

1. 日本美食展的舉辦是臺北 SOGO 百貨的經營特色之一，受到很多日本迷的歡迎，也能增加公司營收，並服務好顧客需求。

2. 臺北 SOGO 百貨每年三季都舉辦日本美食展，並派出有經驗的幹部赴日本當地，邀請有地方特色的廠商前來臺北舉辦美食展。臺北 SOGO 百貨的成功，就是它在選品方面，展現夠專業、夠新穎、夠全面性的特色，才能得到老顧客的歡迎與滿意。因此，任何企業經營，必須展現它在各自領域的專業性、獨特性、創新性、新鮮感及特色化，它就會贏。

個案重要關鍵字

1. SOGO 百貨：日本美食展龍頭老大

2. 季節限定產品

3. 熟客效應

4. 穩固老顧客回流

5. 選品「夠專、夠全、夠新」

6. 招商規劃

7. 引入 2～3 成新商品

8. 保有新鮮感

9. 派出幹部赴日洽談

10. 為日商提供完美的全方位服務

Q&A 問題研討

1. 請討論 SOGO 百貨日本美食展的業績如何？
2. 請討論為何 SOGO 日本美食展 30 多年來辦展都很成功？什麼原因？做了哪些努力？
3. 總結來說，從此個案中，您學到了什麼？

【個案 30】寶雅稱霸國內美妝、生活雜貨零售王國

　　寶雅（POYA）是近年來，如黑馬般快速崛起的生活雜貨與美妝連鎖店，自 1985 年成立以來，全臺已有 350 家門市店（註：不含另一品牌寶家的 50 店），也是唯一有上市櫃的美妝連鎖店，它是從中南部起家的。

一、卓越的經營績效

　　寶雅公司在 2006 年時，年營收額達 34 億元，到 2024 年，成長至 220 億元，幾乎成長 6 倍之多。毛利率高達 43% 之高，營業利益率達 14.8%，淨利率達 12%，2024 年的年淨利額達 17 億元，EPS 每股盈餘更高達 17.5 元，可以說居同業之冠。市場上市股價達 600 元之高。現有員工數超過 5,000 人。

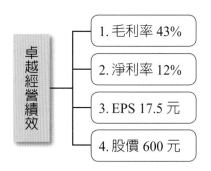

二、市占率高達 82%

　　寶雅與其同業的店數，比較如下：
1. 寶雅：350 家店。
2. 美華泰：29 家店。
3. 佳瑪：11 家店。
4. 四季：8 家店。

寶雅店數的市占率高達 82%，位居同業之冠。

三、全臺北、中、南分店數

　　寶雅目前全臺有 350 家分店，其中，北區有 150 家店、中區有 100 家店、南區有 100 家店，各地區店數分配相當平均，不過，中南部分店的坪數空間比北部稍大，主因是北部 400 坪以上的大店面不易找。

　　寶雅評估每 4 萬人口可以開出一家店，臺灣 2,300 萬人口，可容約 570 家店，以 80% 估算，全臺可開出 500 家店；以目前已開出 350 家店計算，未來成長的空間還有 150 家店，因此，尚未達到市場飽和，未來展望仍不錯。

四、寶雅的競爭優勢

　　寶雅的競爭優勢，主要有二項：

（一）規模最大，業界第一

　　寶雅有 350 家店，遙遙領先第二名的美華泰（僅 29 家店），可說位居龍頭地位。

（二）明確的市場區隔

　　寶雅有 6 萬個品項，遠比屈臣氏、康是美藥妝店的 1.5 萬個品項要多出 4 倍之多，可說擁有多元、豐富、齊全、新奇的商品力，有力的做出自己的市場區隔，跟屈臣氏是有區別的。

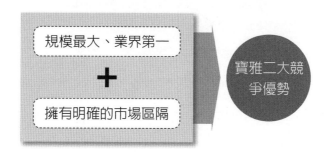

五、寶雅的主要商品銷售占比

根據 2024 年最新的年度銷售狀況，各品類的銷售額占比，大致如下：

1. 保養品（16%）。
2. 彩妝品（16%）。
3. 家庭百貨（16%）。
4. 飾品＋紡織品（15%）。
5. 洗沐品（11%）。
6. 食品（11%）。
7. 醫美（5%）。
8. 五金（5%）。
9. 生活雜貨（3%）。
10. 其他（2%）。

從上述來看，顯然以彩妝保養合計占 32% 居最多；但在其他家庭百貨、飾品、紡織品、洗沐品、食品也有一些占比。因此，寶雅可以說是一個非常多元化、多樣化的女性大賣場及商店。

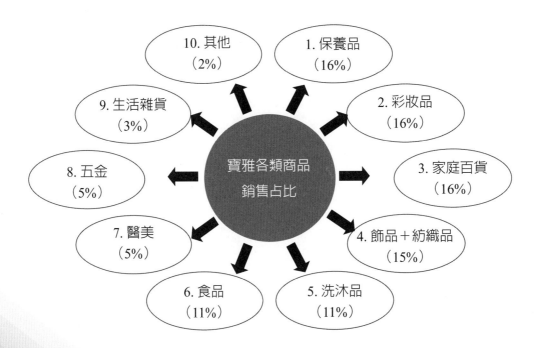

六、寶雅的未來發展

寶雅的未來發展有四大項，如下：

（一）持續店鋪與產品升級

1. 提升店鋪流行感。
2. 塑造顧客記憶點。
3. 優化商品組合。

（二）持續快速展店

展店、擴大規模效益，預計 2026 年目標總店數為 400 家店（指寶雅店，不含另一品牌寶家店）。

（三）建立物流體系

包括高雄及桃園物流中心，各支援 200 家店數，目前均已完成使用。

（四）持續發展門市店新品牌

新品牌——寶家五金百貨，共 50 家。

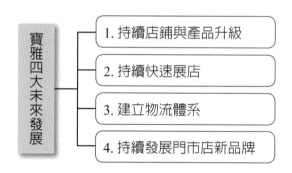

七、寶雅的關鍵成功因素

總的來看，寶雅的關鍵成功因素包括：

（一）從南到北的拓展策略正確

寶雅剛開始起步是從臺灣南部出發，而且都是走 400 坪大店型態，那時候的競爭也比較少，此一策略奠定了寶雅初期的成功。

（二）品項多元、豐富、新奇，可選擇性高

寶雅品項高達 6 萬個，每一品類非常多元、豐富、新奇，可滿足消費者的各種需求，大多數的產品都可買得到，形成寶雅一大特色，也是它成功的基礎。

（三）店面坪數大，空間寬闊明亮

寶雅中南部大多為 400 坪以上的大店，店內明亮清潔，井然有序，讓人有購物舒適感。

（四）差異化策略成功

寶雅雖為美妝雜貨店，但其產品內容與屈臣氏、康是美二大業者並不相同，可以說是走出自己的風格及特色，或是差異化策略成功，成為該業態的第一大業者。

（五）專注女性客群成功

寶雅 80% 的客群都是 19～59 歲的女性，具有女性商店的鮮明定位形象，很能吸引顧客。

（六）高毛利率、高獲利率

寶雅在財務績效方面，擁有 43% 高毛利率及 14% 的高獲利率，此亦顯示出它的進貨成本及管銷費用都管控得很好，才會有高毛利率及高獲利率的雙重結果。

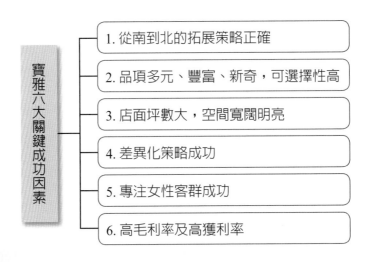

寶雅六大關鍵成功因素

1. 從南到北的拓展策略正確
2. 品項多元、豐富、新奇，可選擇性高
3. 店面坪數大，空間寬闊明亮
4. 差異化策略成功
5. 專注女性客群成功
6. 高毛利率及高獲利率

重要觀念提示

1. 企業經營致勝，必須力求規模最大、業界第一，讓競爭對手追不上來，而擁有持久的競爭優勢。

2. 企業經營必須要有明確的市場區隔，並在此市場區隔中做出商品力、價格力、通路力的領先。

3. 商品必須多元化、多樣化、新奇化、驚豔化、差異化，做到令消費者高度滿意及滿足感。

4. 任何企業不應滿足於現狀，必須策劃未來發展方向及第二條、第三條成長曲線在哪裡，才有真正的未來。

5. 寶雅是專注女性客群，成功的典範之一。

6. 企業經營不應盲目追求銷售量的成長，反而應注重獲利率的提升。

個案重要關鍵字

1. 高毛利率、高獲利率

2. 市占率高達 82%

3. 明確的市場區隔及定位

4. 女性商店

5. 多元化、多樣化、新奇化的 6 萬個品項數目

6. 持續店鋪及產品升級

7. 優化商品組合

8. 提升店鋪流行感

9. 持續快速展店，擴大規模

10. 建立物流體系

11. 差異化策略成功

12. 追求規模經濟效益

Q&A 問題研討

1. 請討論寶雅北、中、南區的分店數為多少？未來還有多少成長空間？

2. 請討論寶雅卓越的經營績效為何？

3. 請討論寶雅的市占率多少？競爭優勢又為何？

4. 請討論寶雅的主要品類銷售占比為多少？

5. 請討論寶雅的未來發展為何？

6. 請討論寶雅的關鍵成功因素為何？

7. 總結來說，從此個案中，您學到了什麼？

【個案 31】全國電子營收逆勢崛起的策略

一、公司概況

　　全國電子成立於 1975 年，迄今已有 40 多年，它秉持「本土經營，服務第一」的創業精神，為顧客提供最好的產品及服務。全國電子 2024 年營收計 180 億元，獲利率 4%，獲利額為 7 億元。全國電子主要銷售大家電、小家電、資訊電腦、手機、冷氣機等。

二、廣告策略

　　全國電子的廣告策略，主力訴求是「足感心」，它希望與顧客每一次的互動中，都能創造出顧客「足感心」的一種感受與感動，並且滿足顧客的需求與想要的服務。

三、營收逆勢崛起的原因

　　全國電子 2019 年連續 5 個月營收額超越過去的老大哥燦坤公司，其根本原因就是近 2 年來全國電子開了新店型，這個新店型就稱為 Digital City（數位城市），也是展現全國電子的重大策略轉型。

　　迄 2024 年 9 月，全國電子的新店型「Digital City」已經開拓了 50 家。不要小看這 50 家店，它的營收額已占全體 20% 之高，而其餘的 80%，則由傳統的 270 家店所創造。

　　全國電子傳統店型與新店型的最大不同點有 3 點：

（一）坪數大小

　　傳統店僅有 50～60 坪，店內有些擁擠，而新店型門市有 200～300 坪之大，空間是傳統店的 4、5 倍，空間較大、較新，顧客會覺得很寬敞、很舒服。

（二）裝潢

傳統店都已經 20〜30 年了，顯得有些老舊及古板，但新店型則是現代化、明亮化、新裝潢化，顯得很新潮，顧客願意逛久一些。

（三）產品區別

傳統店以大、小家電為主力，顧客群多為中年人，但新店型除了大、小家電之外，新增加了很多的資訊、電腦及通訊等 3C 產品，年輕顧客群也增多了，使得店內有年輕化感受，增加不少活力感，而不會有太老化的感覺。

新店型也主打體驗服務，很多 3C 產品都要親身體驗，這對年輕人也是一種吸引力。

至於新店型的租金成本會不會太高，全國電子的實際數字顯示，大型店的營收規模及來客數，是傳統小型店的 3 倍之多，但租金只多出 10 萬元，算下來仍划得來。因此，全國電子現在大力改為大店型、新店型，而裁掉傳統小店，現今新店型已達到 50 間之多。如此，將使全國電子的店面感受整個翻轉過來，而這 50 家店集中於六都大都市為主力聚焦。這些新店型已成為集銷售、服務、體驗、廣宣四者於一身，達到更多的綜效。

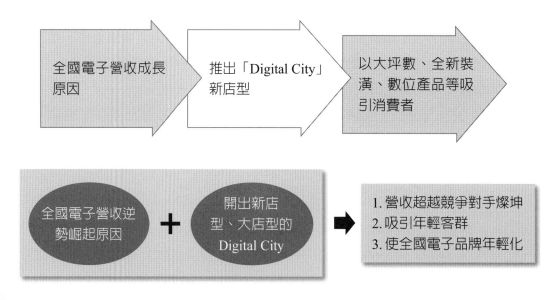

四、加強產品保證、保固

全國電子近來更加重視大家電的保固，例如：冷氣 8 年免費延長保固；冰箱、洗衣機 5 年免費延長保固。此外，全國電子在夏天也推出冷氣獨享總統級的精緻安裝訴求，還有 7 日內買貴退差價等服務。

五、行銷策略

全國電子的行銷策略，主要有三大方式：

（一）電視廣告

主要訴求為「足感心」，每年投入約 2,000 萬廣告預算，希望力保全國電子品牌優良、感人的好印象。

（二）零利率免息分期付款

主要為大家電經常有銀行配合免息分期付款的優惠。

（三）各種節慶促銷活動

例如：破盤價優惠活動、週年慶活動、開學季活動、年中慶活動、父親節活動、母親節活動、中秋節活動等折扣優惠活動。

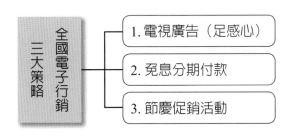

六、關鍵成功因素

總結來說，全國電子成功的因素，主要有以下 5 項：

1. 不斷改革創新，例如：Digital City 大店型的開展。
2. 廣告成功，例如：「足感心」深入人心，容易記。
3. 店數多，全臺 327 家店，遍布各縣市。

4. 產品有保固服務。

5. 經常性促銷優惠活動檔期，可有效吸引集客，提升業績。

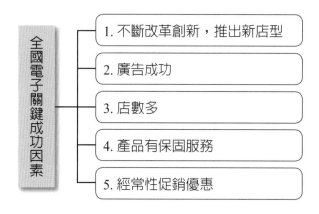

全國電子關鍵成功因素

1. 不斷改革創新，推出新店型
2. 廣告成功
3. 店數多
4. 產品有保固服務
5. 經常性促銷優惠

重要觀念提示

1. 全國電子「足感心」廣告策略的成功，將該公司成功塑造成具有特色的優良公司。因此，任何企業應該好好思考如何才能做出叫好又叫座的電視廣告。

2. 全國電子轉開新店型的成功，可說是創新的成功，任何企業必須從各方面、各角度去努力突破、努力創新，必可創造出營運另一波的成長。畢竟，「有效創新」是企業經營的根基。

3. 服務業的產品保證及保固服務，已成為重要事項，必加重視。

4. 促銷優惠活動，仍是有效集客與提高業績的必要作為。

個案重要關鍵字

1. 足感心的廣告 Slogan

2. 本土經營，服務第一

3. 開展新店型策略

4. 大店型比小店型的效益更高

5. 加強產品保證、保固

6. 營收逆勢崛起

7. 電視廣告投放

8. 節慶促銷檔期

9. 免息分期付款

10. 持續改革創新

Q&A 問題研討

1. 請討論全國電子 2019 年連續 5 個月營收超越競爭對手燦坤的原因為何？

2. 請討論全國電子廣告策略的訴求主軸為何？

3. 請討論全國電子的行銷策略為何？

4. 請討論全國電子的 5 項成功因素為何？

5. 總結來說，從此個案中，您學到了什麼？

【個案 32】文具連鎖店領導品牌 —— 金玉堂的轉型策略

一、公司簡介

　　金玉堂文具公司創立於 1997 年，以大型批發商業模式為基礎，結合當時最先進的「連鎖加盟總部」與「物流中心」概念，創立「金玉堂批發廣場」文具零售事業，此舉不僅開發了文具連鎖加盟體系的先驅，並奠定業界領導品牌的基礎。[3]

二、面對三大困頓

　　2008 年，寶雅及小北百貨等通路紛紛賣起文具，使得金玉堂的文具生意被瓜分市場，且其營收額一直下滑，此為困頓之一；再加上當時高階主管出走，帶走 30 多家加盟店，換上新招牌成為競爭對手，此為困頓之二；再者，文具業也因少子化，自然使市場萎縮，此為困頓之三。

金玉堂面對三大困頓，必須轉型

1. 面對同業的競爭，瓜分市場
2. 面對高階主管出走
3. 面對少子化，市場萎縮

從文具店，轉型為文具＋生活日用品店

三、轉型策略成功

　　金玉堂面對上述困頓，決定轉型，並用了 10 年時間，從純文具店轉型成為文具生活百貨店，不只賣文具，同時也轉型賣衛生紙、手錶、襪子、香

---

[3] 本段資料來源，取材自金玉堂公司官網（www.jytnet.com.tw）。

水等日用品及雜貨。

　　結果，10 年來店數成長 1 倍，營收額達到 20 億元；客群主要是 5 成的家庭客，媽媽帶小孩買文具，就順便買衛生紙，讓顧客能夠「一站式購足」，現在家用生活百貨已占全年營收的 5 成之多。

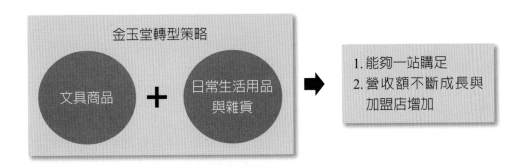

四、轉型後的管理改革

　　2010 年起，公司花 3,000 萬元，投資 IT 資訊系統與 POS 系統，並提升進、銷、存管理系統；2011 年起，又花 1.6 億元蓋新倉儲物流系統，提升整個供貨上架管理的效率與效能。

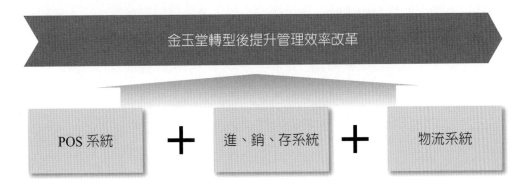

五、放手讓加盟主自選 6 成品項

　　金玉堂的文具品項占整體的 4 成，而且是該公司的強項，由加盟總部負責採購，另外 6 成的日用生活百貨商品不是強項，加盟主可依各自商圈的特

性，從總部提供的 1 萬多筆品項，自由挑選適合的。另外，還保留 10% 品項，可跳過總部，完全由加盟主自己採購。

　　金玉堂累積近 10 年來的摸索，終於逐漸抓住顧客需求，在文具業市場衰退下，每年營收仍有成長 1 成之佳績。

六、經營理念

　　金玉堂的經營理念，主要有 3 項：[4]

1. 以「成為顧客最佳的文化生活補給站」為理念，傳達「全新文化生活型態」為企業使命。
2. 提升經營績效，提供加盟主「低風險、高保障、穩定獲利」的創業環境，以創造「顧客、門市、總部」三贏的營運模式為目標。
3. 為顧客挑選最優質、最流行、最值得信賴的商品，打造具有文化使命的事業體系。

重要觀念提示

1. 金玉堂公司連鎖店面對三大困頓，它的轉型策略就是從純粹的文具店，轉到文具＋生活日用品連鎖店，終於成功存活下去。
2. 任何企業面對經營困境時，必須仔細分析思考該轉型到哪裡去？才能順利成功轉型。
3. 最主要還是必須植根於顧客的需求，亦即文具不是顧客每天的必需品。因此，轉向顧客每天需求的日常消費，就會成功。

4　本段資料來源，取材自金玉堂公司官網（www.jytnet.com.tw）。

```
┌─────────────────────────────────┐
│          個案重要關鍵字          │
└─────────────────────────────────┘
```

1. 面對三大困頓

2. 轉型策略成功

3. 轉型為文具＋生活日用品店

4. 一站式購足

5. 轉型後的管理效率改革

6. POS 系統

7. 進、銷、存系統

8. 物流系統

9. 加盟主自選 6 成品項

10. 成為顧客最佳的文化、生活補給站

Q&A 問題研討

1. 請討論金玉堂公司在 2008 年時，曾面臨哪三大困頓？

2. 請討論金玉堂公司的轉型策略是轉到哪裡？

3. 請討論金玉堂公司在 2010 及 2011 年有哪些管理系統的改革？

4. 請討論金玉堂公司為何要讓加盟店可以自己選品項？

5. 請討論金玉堂公司的 3 項經營理念為何？

6. 總結來說，從此個案中，您學到了什麼？

💡 【個案 33】未來百貨公司的 5 種樣貌

一、百貨公司呈現衰退

百貨公司是 2020～2021 年臺灣綜合商品零售業中,因新冠傳染病,唯一年產值下滑的業種。

過去幾年,美國不時傳來知名百貨公司的負面新聞,例如:聲請破產保護的 Barneys New York、不斷關店的 Macy's。在日本,也有池袋的 0101 及新宿小田急百貨等吹熄燈號。

傳統百貨公司的定義將被快速反轉,在未來,百貨公司可能會變成什麼樣子呢?

二、趨勢 1:零售店變成社交場所

例如:日本近鐵百貨就直接在百貨公司內設置了一個共享辦公室,裡頭有 Wi-Fi、電源、咖啡,正好吸納公司採遠距上班,卻又急需一個安靜場所處理公事的上班族,肚子餓了,還可以藉機將其導流至美食樓層,創造更多業績。

另外,歐美有種形態特殊的「餐廳＋超市＋賣場」的複合店型態。

臺灣新光三越吳昕陽總經理也表示:「我們一定要打破百貨公司既有印象,因為我們真的不想再只當百貨公司了,我們將轉型為 Living Center(生活中心)。」

三、趨勢 2:金字塔頂端客更重要

遠東 SOGO 副總經理播本昇強調,80:20 法則將愈來愈明顯,也就是「80% 的營收,來自 20% 的顧客」。因此,如何給予這群不受疫情與景氣波動影響的客人更多實際回饋、更量身打造的服務,例如:VIP 貴賓室、不定時的迎賓小禮物等,將是未來百貨的競爭重點。

微風百貨事業處副總蔡碧芳以 Dior 為例,疫情期間推出經典包款 Lady

Dior 的訂製服務，從皮革、吊飾、把手等，全部可以自己挑選材質，三天活動就可以締造上千萬業績。

另外，封店服務也很受歡迎，就是在指定時間內，直接將某間店封起來，只服務 VIP 一組客人，兼顧專業感與防疫安全。目前，包括 GUCCI、CELINE、LOEWE 等都有類似服務。

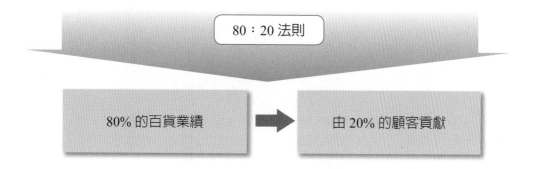

四、趨勢 3：精品開啓電商大門

過去，名牌精品總給人排斥電商，擔心把經典包款放上網賣，反而降低品牌質感的印象。

然而，隨著 2020～2022 年全球疫情催化，實體門市被迫關閉，反而讓大多數精品開設了「線上銷售」這個平臺。

例如：新光三越的電商平臺 SKM Online，雖然精品加入，但只會出現在每年消費金額超過一定額度的會員 App 中。微風百貨的 BreezeOnline 也有推出類似功能的電商。

五、趨勢 4：改賣更多可溯源的永續商品

今後，百貨公司挑選產品的方向，也會有一些變化。此原因係 ESG 風潮崛起。以前，百貨公司選品重視品牌、設計、價格，現在更多比重放在減塑、減碳產品、有機產品、更多國產的小農產品。〔註：ESG 係指，E：環境保護（Environment）、S：社會責任（Social）、G：公司治理（Governance）。〕

六、趨勢 5：玩法仍未知的元宇宙熱

元宇宙，是許多百貨業者都提到的，但也坦言「玩法還很抽象」的概念。

起因是法國家樂福總部率先宣布與 Meta（臉書）合作，喊出要將虛擬實境帶入員工教育訓練，做第一間「元宇宙量販店」，而 Nike 也傳出申請了元宇宙的 7 個商標，目的是在未來的元宇宙世界中，銷售其虛擬服裝、鞋子及配飾。

這場「虛擬百貨之戰」，大家都已經開始構思如何布局了。

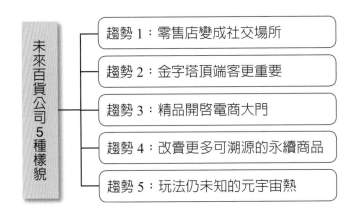

Q&A 問題研討

1. 請討論未來百貨公司的 5 種樣貌為何？
2. 總結來說，從此個案中，您學到了什麼？

第 2 篇

他山之石——日本零售業個案篇

【個案 1】日本無印良品 2030 年挑戰營收 3 兆日圓

【個案 2】日本便利商店面對六大挑戰

【個案 3】日本優衣庫連續 2 年獲利創新高的經營祕訣

【個案 4】日本「全家超商」的創新作為及觀察評論

【個案 5】露露樂蒙（lululemon）運動品牌在臺快速成長祕訣

【個案 6】百元商店——日本大創的低價經營策略

【個案 7】日本 J.FRONT 百貨公司轉向多元服務零售商的啟示

【個案 8】日本藥妝龍頭——Welcia 的成功祕訣

【個案 9】日本成城石井高檔超市的經營成功之道

【個案 1】日本無印良品 2030 年挑戰營收 3 兆日圓

一、長期目標：實現 3 兆日圓營收

2024 年 7 月 21 日，日本無印良品（MUJI）公司發表中長期計劃，其中最引人注目的是，在 2030 年，要實現 3 兆日圓營收，以及 4,500 億日圓獲利。

營收 3 兆日圓目標，雖然尚不及日本零售業龍頭 7-ELEVEn 的 4.8 兆日圓總營收，但已超越第二名 FamilyMart 的 2.7 兆日圓營收，也超越第三名優衣庫（UNIQLO）的 2 兆總營收。爲達成此營收目標，無印良品每年營收必須成長 20% 以上才行。

二、強攻食品事業

變化早就已經出現了，從該公司的食品部門就能清楚看到；帶領食品部門的執行幹部島崎朝子表示：「我們早已開始朝著要追求的方向努力，中長期計劃只是正式把具體策略講出來。」

現在的無印良品，營收大概有 50% 來自生活雜貨，30% 來自服飾，食品只占營收約 15%。但是從 3、4 年前，無印良品就開始強化食品這一塊，希望將營收占比拉高到 30%。具體而言，就是針對咖哩速食包、蛋糕等受歡迎產品擴增種類，自 2017 年秋季起，部分店面也開始賣生鮮水果。2018 年 9 月起，開始賣冷凍食品。2020 年全球新冠疫情下，可以輕鬆做出亞洲料理的系列食品也很受歡迎。原來食品的總商品數爲 550 種，到 2022 年已擴充到 750 種。

此外，無印良品也開設食品比重高的店面。2021 年春季，專賣各式食品，種類齊全的橫濱「港南台 BIRDS 店」開幕，與日本食品連鎖超市皇后伊勢丹合作，開賣肉品與鮮魚，並設置可現場直播的開放式廚房，開發使用當地食材的食譜與料理。

但無印良品想要成爲「滿足消費者日常生活基本需求的存在」，基本商

品就必須齊全。但並非一味增加商品種類，重點是在各類別都開發有無印良品風格的商品。今後，舉凡牛奶、雞蛋等每天都到貨的商品，乃至於米、調味料等，無印良品都會推出自有品牌。

三、在地生根新事業

此外，另一個目標「在地生根」上，食品也扮演了重要角色，尤其非都會區的產業多以農業為主，像是每年冬天可透過幫忙銷售不符合農家撿選要求的蘋果，把利潤回饋給農家。這樣的作法顯示出，企業想要在地化，農業與食品會是很大課題。

針對這部分，無印良品已有所準備。2020 年 9 月，該公司已將食品部門一分為二：一個是負責商品開發，另一個是負責專業開發；後者是生活雜貨部與服飾部所沒有的角色，負責擬定與推展食品新事業。目前，主要在研擬開店時的概念等，未來將加深與本地農家間的連結，負責將「農業與食品」事業營運化。

四、結語

由於無印良品未來開店數會增加，店面也會變得更大，強化食品的銷售似乎會成為開店的標準配備。其銷售量將會增加，無論商品開發或價格設定，都將更易於運用規模經濟的優勢。

無印良品若能在 2030 年讓食品的營收比達到 30%，光靠食品就能有近 1 兆日圓的年營收。無印良品真能以「二度創業」為目標，最大的關鍵，毫無疑問就在於食品事業的發展如何了。

無印良品 3 兆日圓年營收的關鍵

食品、生鮮、蔬果新事業

Q&A 問題研討

1. 請討論無印良品 2030 年長期目標的年營收額為多少？

2. 請討論無印良品實現年營收 3 兆日圓目標的關鍵在哪裡？

3. 總結來說，從此個案中，您學到了什麼？

【個案 2】日本便利商店面對六大挑戰

最近，日本財經媒體報導日本便利商店產業，已經面臨六大挑戰，對該產業未來的成長，投下巨大陰影與不利點。其六大挑戰如下：

（一）縮短營業時間，不再 24 小時

過去超商崛起的商業模式，即是為人所稱道的 24 小時營業，但如今，在日本深夜大夜班的時段，大缺人力，招不到人。因此，從 2019 年 11 月起，日本 7-ELEVEn 超商首創有 8 家門市店大夜班時間正式停止營業。日本第二大的便利超商「全家」，也從 2020 年 3 月起，把營業時間長短交給加盟主決定，做出彈性因應。這些顯然是崩解了便利商店的根本。

（二）客人愈來愈老，50 歲以上客人占 4 成之多

日本便利商店面對的第二個挑戰即是：未滿 30 歲的來客，已從 30 年前超過 6 成，一直下滑到目前的 20%，而 50 歲以上的人，從 9% 上升到 40% 之高。

而年輕人逐漸遠離便利商店的二大原因是：

1. 電商網購崛起，而且其產品價格較低，吸引年輕人，因此，從網路訂購飲料、食品。
2. 便利商店的價格偏高，年輕人想要省錢。

總之，便利商店客群老化，絕對是不好的，因為老人的消費頻率遠比年輕人少很多，致使業績會快速衰退。

（三）24 小時藥妝店賣起便當搶客

在日本，第一大藥妝連鎖店 Welcia，已經在店內賣起便當了，這是日本超商產業最害怕的強大競爭對手。日本藥妝店都是直營店，而且沒有招不到人的困境，因此可以延長到 24 小時營業，它賣成藥、母嬰用品，吸引到很多年輕媽媽。藥妝店原本銷售成藥及化妝品的毛利率比較高，因此可以壓低食品等日常用品及便當的售價，這些亦都對日本便利商店產業造成不小的威脅，因為便當仍是便利商店重要的暢銷品項。

（四）門市店擴大展店時代已結束

目前，全日本已有 5.7 萬家超商門市店，尤其在都會區已經呈現過於飽和密集。在 2019 年及 2020 年這 2 年間，日本 7-ELEVEn、全家、及羅森（LAWSON）等前三大便利商店每年展店數也都很少，顯示出無人加盟的困境，亦顯示出各家便利超商業者未來要再大幅展店的可能性已經沒有了，這對超商業的持續總業績成長已投下不可能的答案。

（五）電商衝擊

在日本，樂天、雅虎、亞馬遜前三大電商網購公司，也對日本便利商產業發生很大的衝擊，瓜分不少生意及搶走不少客人，尤其是吸走不少年輕人的生意。日本超商想要拉回這些年輕客群恐怕是不容易了。

（六）餐點外送崛起

最後，最近幾年餐點外送的快速崛起，也對便利商店產業造成潛在不利影響，尤其，在超商便當方面的生意，已經很顯著被拉走不少。

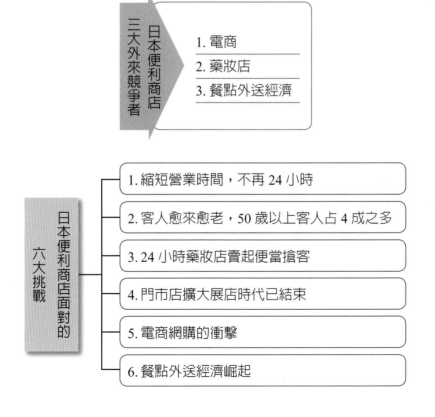

結語

日本媒體表示日本便利商店業的黃金時代已經結束了，未來它們如何改革、如何創新、如何再造、如何抓住年輕人、如何差異化，將決定了日本便利商店業的未來是否持續成長下去。

Q&A　問題研討

1. 請討論日本便利商店的六大挑戰為何？
2. 總結來說，從此個案中，您學到了什麼？

【個案 3】日本優衣庫連續 2 年獲利創新高的經營祕訣

一、獲利創新高

2021～2022 年，在全球疫情、俄烏戰爭、通貨膨脹及經濟衰退狀況下，日本優衣庫服飾公司的全球獲利仍創下新高；全年營收額破 1 兆日圓（折合臺幣 2,300 億元），獲利 1,200 億日圓，創下史上新高。

二、了解過去、掌握現在、洞悉未來

優衣庫創辦人兼董事長的柳井正表示：「經營企業，必須了解過去、掌握現在，並洞悉未來才行。」如果面臨環境的巨變，經營者就說此狀況是在預料之外的，這就是不合格的經營者，且也表示這種經營者，不能掌握現在及洞悉未來，將把企業帶向危險的境地。

三、中國是世界成長引擎

柳井正董事長表示，中國有 14 億人口，比日本大 10 倍之多（日本才 1.4 億人口），且國民所得也已突破 1 萬美元，很多像北京、上海、廣州、深圳、天津、重慶等城市，國民所得更已突破 2 萬美元，距離東京已不遠。中國已成為優衣庫重要的業績成長國家。

在 2024 年，優衣庫全球獲利來源，大中華區占 53% 為最多，歐美占 16%，日本及其他地區占 31%，因此中國可說是優衣庫營收及獲利的最大來源。

雖然，美國、日本、中國、臺灣有地緣政治與戰爭對立的風險，但柳井正希望全球都能和平，好好做生意，好好經營企業。

優衣庫目前海外營收占 70% 之高，日本營收只占 30%，此顯見海外市場對優衣庫的重要性，優衣庫已成為全球化型的服飾大公司。

四、信賴公司、信賴品牌

柳井正董事長表示，做生意及經營企業最重要的祕訣，就是要讓消費者「相信這個公司」、「相信這個品牌」，也就是消費者會安心的買這家公司的商品，這也是一種「信賴」的極致表現。如果能成為一家被信賴、有好口碑的公司，這家公司就成功了。因此，柳井正認為：「賣商品之前，應先賣品牌」這就是「信賴經營學」、「信賴行銷學」。

五、ZARA 服飾為何全球第一

優衣庫目前為日本第一大、全球第三大的快時尚服飾公司。

柳井正董事長認為西班牙的 ZARA 服飾為何能長保全球第一大服飾公司的原因，主要有 2 個：

1. ZARA 的創辦人及高階主管，對自己的品牌及對自己的服飾行業，都長期懷抱著熱情與興趣，每天都有想要把它們做得更好、更棒、更強的一種工作熱情。
2. ZARA 有很多優秀的員工團隊，包括：設計團隊、製造團隊、門市店業務團隊、全球化營運團隊、行銷團隊、物流團隊等。

六、拓展海外業務的選擇及思考點

優衣庫對拓展海外業務的選擇及思考點，主要有 4 點：

1. 和其他品牌比較起來，優衣庫是否有脫穎而出的特點、特色及優勢？
2. 這會使全世界變得更好嗎？
3. 對當地國能貢獻什麼？在當地國能成為好的國民服飾品牌嗎？
4. 當地國還有沒有優衣庫成長的空間？

七、永無止境的追求成長

在柳井正心目中最大的經營法則就是要「追求永無止境的成長經營」。他說：「成長是沒有盡頭的，要生生不息的永遠成長下去。」

　　柳井正認為，如果可以跟全世界各國做生意，那就太好了！他最大的盼望及希望，就是能夠帶給全世界更美好、更平價的國民服飾可以買、可以穿。

八、對繼任者的期待

　　柳井正對於未來的繼任者，有以下 5 項要求及期待：

1. 要受到大家尊敬。
2. 要有領導力，就是要能夠：「立刻判斷、立刻決定、立刻執行」。
3. 要能為公司賺錢、活下去。
4. 要能為公司不斷成長、擴大世界版圖。
5. 要能善盡企業社會責任及永續經營（即 CSR ＋ ESG）。

九、隨時做好計劃與準備

　　柳井正表示，面對現今國內外經營環境的巨變，優衣庫早已做好現在及未來 3～5 年的應變計劃及應變準備，一切均在他們的掌握之內。

　　柳井正經常說：「晴天要為雨天做好準備才行。」這就是柳井正「計劃經營」與「準備經營」的最高策略展現。

十、一生永不會退休

　　柳井正表示，他會一直到戰場上奮戰到底，他一生永不會退休，最後仍會保留「名譽董事長」及「創辦人」的頭銜。柳井正說：「我的生命，已經與優衣庫的生命緊緊黏在一起了。」

Q&A 問題研討

1. 請討論柳井正董事長「了解過去、掌握現在、洞悉未來」的含意為何？
2. 請討論中國市場對優衣庫的重要性為何？
3. 請討論「信賴經營學」的含意為何？
4. 請討論 ZARA 為何能常保全球第一大服飾公司？
5. 請討論優衣庫拓展海外市場的選擇及思考點為何？
6. 請討論優衣庫「永無止境追求成長」的含意為何？
7. 請討論柳井正董事對繼任者的 5 點要求為何？
8. 請討論「隨時做好計劃與準備」的含意為何？
9. 總結來說，從此個案中，您學到了什麼？

【個案 4】日本「全家超商」的創新作為及觀察評論

一、公司簡介

日本全家超商（FamilyMart）在 2016 年躍居日本第二大超商，有 1.6 萬家門市店，它是伊藤忠商社的子公司。

2024 年，日本全家超商每日單店平均營收，已到 53 萬日圓（約 12 萬臺幣），逐年有成長，但距第一大的 7-ELEVEn，仍有 10 萬日圓差距，正努力追趕中。

二、創新思維

日本全家超商社長細見研介是一個具有創新行動的社長，他的創新思維可歸納為 3 點：

1. 時代會不斷變化，因此企業經營也要不斷應變。
2. 數位技術進展快速，與其巨變，不如小步快跑。
3. 如果把超商看成是只賣東西的店面，那能做的事就很有限；但如果把它看成是基礎建設，就可以想像出各種形式的合作。

三、創新作為

日本全家超商近年來努力投入各種創新作為，分別有：

（一）門市影音化、媒體化

日本全家超商已有 2,000 家店安裝了數位螢幕，稱為「全家超商影音」的新媒體事業，未來希望帶來一些廣告費的播放收入。就像美國最大零售公司 Walmart（沃爾瑪）在門市店推送廣告，也有一些廣告收入。

目前，日本全家超商在門市店的播放內容，計有：

1. 商品訊息。

2. 促銷訊息。

3. 音樂節目。

4. 單曲節目。

5. 最新新聞訊息。

希望未來能爭取到別人的品牌投放廣告，以增加一些收入。

（二）成立數據分析公司

全家與日本第一大電信 NTT DOCOMO 及日本第一大網路廣告代理商 CyberAgent 公司，合資成立「DataONE」數據分析公司。將買商品的客人及在地電信數據結合，知道買過某項商品的人曾在這裡，而將廣告及優惠券發送給目標客人。

（三）取藥服務

全家與藥局及藥劑師合作，先讓顧客在網路上下單，收到藥品到達門市後，一週內，客人均可以到門市店取藥。

（四）在門市店內販售冬天羽絨衣及夏天 T 恤。

四、實體門市店優勢

全家細見研介社長表示，雖然在數位化時代，但傳統上，超商仍是聚集消費者及提供購物的場所，其最主要的功能就是：

1. 提供就近的方便性，顧客到附近就可買到東西，很便利。

2. 實地的購物樂趣，尤其現在朝向大店化，整個體驗會更好。

五、無人門市店的發展障礙

目前，在日本超商的無人店仍未普及，主要障礙有幾點：

1. 店內須安裝感應器，但缺半導體。

2. 無人店缺乏有溫度的真人服務，客人滿意度不高。

3. 無人門市店時效低、營收低，不易賺錢，不如有人的門市店，也就不易開展了。

六、結語：作者評論及觀點

本書作者針對臺灣超商現況及日本創新作為，有如下幾點總結及觀點：

1. 商品販售收入及服務手續費收入，仍占未來超商 95% 以上的營收，是最主要的收入來源。

2. 門市店內裝設的媒體影音畫面，其自我宣傳效果會大於外面開拓的廣告收入。因為，付費的廣告主不易知道每天到底有多少人會看到店內螢幕上的廣告，也不易知道產品的效果如何，因此恐不易招攬到足夠量的廣告收入；但是，對自己門市店內的產品宣傳、促銷訊息宣傳則是可以的。

3. 超商無人店未來仍不被看好，臺灣已推動 10 年多了，但成本、效益對照卻是不佳的。來客太少、每日業績太少、臺北市門市店店租費太高，再加上沒人服務的感受度不佳，無人店恐做不起來。

4. 超商大店化仍是未來趨勢，大店比小店的效益觀感及體驗會更好。

5. 臺灣未來超商持續展店仍有空間，雖然六大都會區的超商店數已算密集了，但顧客要求更近的超商便利性需求仍在，只要有需求，就仍會有商機。

6. 超商店內的商品組合，仍在不斷的優化中，仍有優化空間。

7. 超商近年來，流行的跨界聯名行銷、聯名推出商品的舉動，必會再推展，因為效益不錯，會帶動業績的增加。

8. 超商店內人員的服務品質已經不錯，未來仍可維持下去，提升顧客更好的印象及感受。

以上 8 要點，是作者對臺灣及日本超商經營的觀察、分析及總結，謹供各位參考。

Q&A　問題研討

1. 請討論日本全家超商的簡介。

2. 請討論日本全家超商社長（總經理）的 3 點創新思維如何？

3. 請討論日本全家近年來的具體創新行動有哪 4 項？

4. 請討論日本超商無人門市店的發展障礙為何？

5. 請討論本書作者對日本及臺灣超商發展的 8 點評論及觀點為何？

6. 總結來說，從此個案中，您學到了什麼？

【個案 5】露露樂蒙（lululemon）運動品牌在臺快速成長祕訣

一、公司簡介

露露樂蒙於 1998 年，創立於加拿大溫哥華，它是一家以機能性運動服飾為主力的公司。2024 年營收額達 50 億元，獲利 7 億元，全球員工總人數達 1.6 萬人，並在 2007 年於紐約那斯達克證交所上市。早期露露樂蒙的目標定位在熱愛瑜伽且具一定消費能力的中產階級女性，曾掀起一陣運動休閒風。

露露樂蒙的使命，即在創造出讓人們活得更長久、更健康、更有趣的生活方式。2024 年，露露樂蒙的企業市值超越 400 億美元，正式擠下愛迪達（adidas），成為僅次於 Nike 的全球第二大運動品牌。

二、臺灣市場爆發性成長

2017 年，露露樂蒙正式進入臺灣市場，剛開始成立在百貨公司專櫃（專區），近 7 年來營收額翻了 3 倍，呈現爆發性成長。

三、產品項目

露露樂蒙店內所銷售的產品，主要有：瑜伽服、瑜伽褲、運動服飾、運動內衣、健身、跑步、外套、男裝、女裝、帽子、配件、短袖上衣……等非常多樣化的產品組合。

四、通路策略

露露樂蒙在臺灣的專門店分別在 101 百貨公司、微風百貨、新光三越百貨、忠孝 / 新化街邊店、忠孝 / 復興街邊店、SOGO 百貨、遠東百貨等商圈。

未來的通路據點將從目前的 10 家擴充到 15～20 家，業績將更大幅成

長。此外，露露樂蒙也在 2023 年開設官方線上購物商城，擴大成為 OMO 線上＋線下的全通路策略。

五、推廣策略

　　露露樂蒙的推廣宣傳方式，不找明星藝人代言，而是找瑜伽老師、健身教練、KOL 網紅等做代言宣傳，主打口碑行銷。

　　露露樂蒙曾找過 200 位瑜伽老師共同保證該公司產品的 100% 滿意度。

　　此外，露露樂蒙也主打促銷活動，例如：任選二件打九折，以及每週四、五會員日結帳打九五折等，有效吸引會員再次購買，以及吸引新客人上門市店。

六、顧客（會員）反應

　　露露樂蒙的顧客，對該品牌都有正面的肯定聲音，例如：

1. 材質、款式很好。
2. 門市銷售人員專業度夠，解說很詳盡，而且親切、熱情、友善。
3. 門市店內陳列擺設好看，休閒且舒適。
4. 產品種類齊全。
5. 店內體驗感很好。

七、在臺成功六大策略

　　露露樂蒙在臺成功的六大策略如下：

（一）致勝核心在產品力

　　該公司在服飾的觸感科學下功夫，布料舒適度高、穿起來很舒服，與競爭對手有差異化。這造成很好的口碑相傳，也培養忠實粉絲。

（二）找瑜伽老師、健身教練、網紅合作推廣

　　露露樂蒙並不找大咖藝人、明星做代言宣傳；而是找平易近人、與品牌有相關性的瑜伽老師、健身教練及 KOL 網紅等專業人士做合作及推廣宣傳，反倒得到很好的成效，對品牌力及業績力都有好的影響。

（三）專業度高的門市店人員

露露樂蒙各門市及專櫃的人員，在分發至各門市之前，都必須經過幾天的專業知識教育訓練，合格後，才能正式分發出去。這些人員在內部被稱為「教育者」，擁有包括：運動、健身、服飾、搭配、瑜伽、配件等專業知識，都帶給顧客們高度肯定及信賴。

（四）授權第一線門市店人員主導權

露露樂蒙高階人員大膽授權第一線門市店人員很大的主導權，包括：店內的陳列設計風格，對顧客不滿意的現場處理決策等，有效提高顧客滿意度。

（五）在地化策略

露露樂蒙在臺灣市場上，改採大幅度的在地化策略，包括：用人（人事）、行銷方式、開店、宣傳、產品選擇、通路門市店等，都依臺灣市場在地需求而規劃、執行，使得一切營運能夠接地氣。

（六）掌握臺灣消費者喜好的變化

露露樂蒙也很注重臺灣消費者的意思、建議及喜好變化與市場脈動，也經常性蒐集各方面訊息，然後反應給亞太區高階主管及加拿大總部，以利做整體策略方向的有利調整及改變，更符合臺灣在地需求。

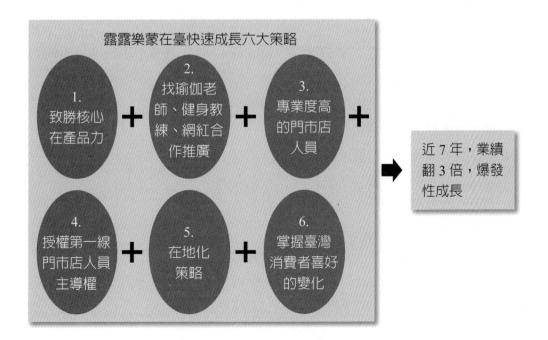

八、製造代工廠

　　露露樂蒙運動服飾產品，其製造代工廠，主要在東南亞的越南、孟加拉、菲律賓等國家。東南亞是全球運動服飾代工的最大地點，成本較低，但品質還不錯。至於中國代工廠，由於中美二大國的對抗趨勢及地緣政治的不利發展，露露樂蒙很少在中國生產製造，以避開政治風險。

九、海外（國際）市場

　　露露樂蒙除加拿大本國市場外，亦積極走向海外、國際市場，主要有：美國市場、歐洲市場及亞太市場三大區塊。

　　亞太市場又以中國、臺灣、日本、韓國、香港 5 個國家的營收成長較為快速及重要。

十、新的未來 5 年計劃

　　露露樂蒙在 2021 年時，曾策訂一個「未來 5 年發展計劃」，預計到 2026 年，將要實現年營收 125 億美元的宏偉目標，這正策勵著該公司進一步的高速成長，並更確立它在運動品牌地位的提升。

Q&A 問題研討

1. 請討論加拿大運動品牌露露樂蒙（lululemon）在臺灣市場快速成長的六大策略為何？
2. 請討論露露樂蒙的公司簡介及產品有哪些？
3. 請討論露露樂蒙的通路策略為何？
4. 請討論露露樂蒙的推廣策略為何？
5. 請討論露露樂蒙的顧客反應如何？
6. 請討論露露樂蒙的代工廠在哪些國家？
7. 請討論露露樂蒙的海外市場有哪些？
8. 請討論露露樂蒙未來 5 年計劃的目標為何？
9. 總結來說，從此個案中，您學到了什麼？

【個案 6】百元商店 ── 日本大創的低價經營策略

一、日本大創百元低價連鎖商店

日本百元商店市場規模達 7,000 億日圓，其中，大創市占率為 60%，年營收額為 5,800 億日圓；第二名是 Seria 占 20%。大創在全日本有 4,200 家分店，在海外有 1,000 家分店，全球總計 5,200 家分店，分布在 25 個國家。

大創品項以居家日用品、文具、廚房用品三大類為主；99% 均為自有品牌（Private Brand, PB），商品從企劃、開發、進出口、物流、賣店銷售、結帳等均自己一手掌握，唯有製造部分才外包，國外 OEM 代工廠有 1,400家，分布在 45 個國家。

由於具有規模經濟效益，故能達到低價及高品質。大創每年從海外進口 10 萬個貨櫃，一天至少處理 200 個貨櫃。

大創的商業模式，有四大特色及訴求，包括：

1. 低價（100 日圓，相當於 20 多元臺幣）。
2. 高品質。
3. 娛樂性（尋寶感受）。
4. 獨特性。

大創店鋪坪數，從都會區的數十坪到郊區的 2,000 坪大店均有。

日本大創一條龍作業模式，具有規模經濟效益

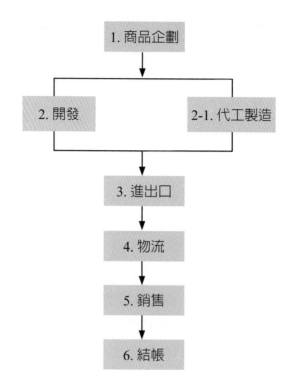

二、美國 Dollar Tree 低價連鎖店

美國最大的低價連鎖店為 Dollar Tree，全美有 1.5 萬家店，店坪數在 200 坪，主要開在城鎮區，主要有五大經營特色：

1. 低價（1 美元）。
2. 多樣化商品。
3. 高品質。
4. 便利。
5. 尋寶樂趣。

該連鎖店 60% 在美國境內生產，40% 為國外進口；每間店有 25% 屬季節性商品，每季會更換 50% 商品。

三、Dollar General 低價連鎖店

美國另一家低價連鎖店為 Dollar General，店面也約在 200 坪以上，主要品項為家用品、基本品、冷凍食品等。它開在鄉村地區居多，價格比一般超市便宜 20% 以上，像是小型折扣商店。

四、不受電商影響

在電商（網購）快速成長時代，100 日圓及 1 美元商店，一點都不受電商影響，主因是這些連鎖店強調：低價、高品質、便利、尋寶樂趣、多樣化等五大經營特色，此種特色不是電商輕易可以切入的。上述這些低價連鎖店具有自己差異化特色的獨特定位及一條龍垂直整合商業模式，才能避免電商強力競爭，而創造出成功的營收及獲利。

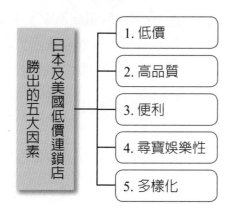

日本及美國低價連鎖店勝出的五大因素

1. 低價
2. 高品質
3. 便利
4. 尋寶娛樂性
5. 多樣化

Q&A　問題研討

1. 請討論日本大創獨特經營模式為何？
2. 請介紹日本及美國三家低價連鎖店的經營現況。
3. 總結來說，從此個案中，您學到了什麼？

【個案 7】日本 J.FRONT 百貨公司轉向多元服務零售商的啓示

一、純百貨公司已經營不下去

日本一家百貨公司業者 J.FRONT RETAILING 宣布展開托兒所開業計劃，2020 年 4 月，第一家已在橫濱市開張，招生 300 多人，目標客層爲雙薪及高所得家庭，未來還計劃在東京、大阪、京都等地開展連鎖店，預計成爲日本第一大的高檔托兒所連鎖事業。

該公司社長山本良一表示：「不能再死死固守在零售業，必須趁現在還有能力轉型到經營多元服務業去；光只做百貨公司，不可能維持到 10 年之後，而且日本百貨零售已成長到極限了。」

日本百貨公司業者受到近 10 年來的電商衝擊、少子化、高齡化、快時尚崛起等四大因素衝擊，使得百貨業已成爲負成長行業。J.FRONT 百貨零售業者除托兒所連鎖事業外，預計還要進軍婚禮服務事業，拓展多元化、多角化的服務零售商。

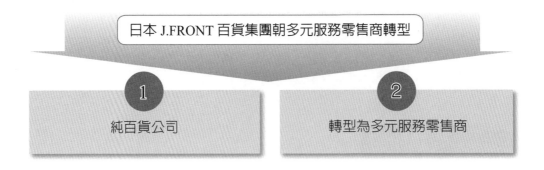

二、百貨公司大幅改裝

近幾年來，由於受到電商及快時尚的強大衝擊，百貨公司的女裝銷售狀況都不佳，已掉了近 3 成的業績生意，必須加緊改裝轉變止血才行。

J.FRONT 百貨商場已將女裝撤掉，現在已改爲銷售生活雜貨、食品及

平價化妝品的專區，果然吸引到年輕顧客群，業績已緩慢回升。這個經驗顯示，百貨零售業必須要徹底改造，改革百貨零售業的結構體，才能繼續生存下去。

三、邀聘創新人才，設立「未來研究所」

J.FRONT 百貨零售公司為了摸索未來完全不同的事業，已積極對外徵聘高級創新人才；另外，在 2019 年 3 月，還成立「未來研究所」，做好思考長期戰略發展的企劃單位，並負責摸索 10 年後，可能會大紅的新事業契機。

四、維持現狀，就只會衰退

J.FRONT 社長表示：「身為百貨零售業者，若只是維持現狀，就只會衰退，這已是事實，必須從根本改革起。未來，不再是昨天及今天的延續，而是要開發出新領域、新的成長，而不是舊的成長。不再只是賣商品，而是可以賣服務，建立全新的事業模式。」

J.FRONT 百貨零售公司已深深體會到，再不加快改革腳步，就會被市場淘汰。要有強烈的危機感，要不斷的挑戰下去，要加快創新改革的步伐，才會有亮麗的未來可言。

改革 加速改革	vs.	淘汰 否則被市場淘汰

Q&A 問題研討

1. 請討論為何日本純百貨公司已經活不下去？
2. 請討論 J.FRONT 百貨公司如何轉型及改革？
3. 總結來說，從此個案中，您學到了什麼？

💡【個案 8】日本藥妝龍頭——Welcia 的成功祕訣

一、日本最大藥妝連鎖店

Welcia 是日本最大的藥妝連鎖店，2024 年營收達 7,000 億日圓（約 1,500 億臺幣），全日本計有 1,700 多家分店，規模遠超過松本清、鶴羽及 Tomod's 等競爭對手。

Welcia 集中在東京為主的關東地區，過去以郊區大型店為主，都有 180～300 坪；現在則改在人口密集市區的小型店。

現在，Welcia 的主要競爭對手不只是同業，而是面對便利商店的挑戰。那麼，Welcia 有何應對策略呢？

二、以低價食品吸客，再憑高價藥妝品賺利潤

Welcia 找到便利商店的三大缺失與弱點：

（一）價格偏高

Welcia 的對策是推出低價食品，如此作法，吸引了不少家庭主婦及中高齡女性在店內搶購比超市及便利商店更便宜低價的零食與食品，此亦成功吸引不少新來的顧客群。

（二）招募人手不易

日本便利商店最近出現招募兼職人員不易的狀況，成為營運上的困擾；面對此狀況，Welcia 的對策是提高員工時薪，每個小時給兼職員工 1,800 日圓（約 380 臺幣），比日本 7-ELEVEn 的時薪還高出 20%，吸引了不少兼職人員。為何 Welcia 能夠給予較高的薪水？這是因為它的藥妝品利潤較高，例如：藥品有 40% 多的毛利率，化妝品也有 35%，這些都比 7-ELEVEn 的商品毛利率更高。

（三）因應高齡化對策

Welcia 7 成都是大型店，裡面有足夠空間可以設立藥品調配室，並兼負

社區藥局的功能，又聘有藥劑師及營養師，使 Welcia 週邊的中高齡居民都可以有拿藥或諮詢的方便性，這是日本 7-ELEVEn 做不到的生意。因應日本超高齡化時代的來臨，Welcia 這方面的業績成長很快。

另外，Welcia 目前已有 2 成店開始 24 小時營業，提供更多消費者夜間拿藥或買保養品的方便性，追上日本 7-ELEVEn 的方便性優勢。

三、歸納成功因素

總結來說，歸納出 Welcia 為何近幾年來，能夠快速超越同業競爭對手，而躍居最大藥妝連鎖店的重要成功因素有 5 點：

1. 打破傳統，開始銷售低價食品，成功帶進另一批人潮。
2. 展開 24 小時全天候營業，成為繼便利商店業者之後的跟隨者，大大方便顧客夜間上藥局買藥的需求性。
3. 在大型店成立處方藥的調配室，成為藥妝店的另一個特色，而不是只有銷售化妝保養品而已。
4. 藥品及化妝品的毛利率均較高，能夠支撐兼職員工較高的薪水及低價食品銷售。
5. 快速展店的開拓策略，目前已有 1,700 多家門市店，占有市場空間及利基點。

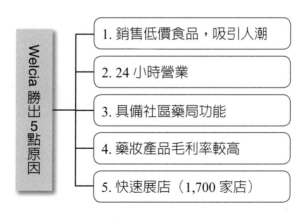

四、存在的根本原因

近 3 年來，Welcia 平均每年營收成長均高達 14%，遠比日本 7-ELEVEn 成長率僅 4% 超過甚多。

針對這種現象，Welcia 的現任社長表示：「光靠便利商店或超市，並不能全部滿足消費者在生活上的所有需求。Welcia 過去、現在到未來，都能秉持著正確的經營戰略，並貫徹做到 100% 滿足顧客現在及未來的需求，這才是在這個行業為何能成功或失敗的關鍵所在。」

Welcia 正確的
經營戰略

1. 吸引消費者

2. 滿足消費者現在及未來的需求

3. 提高來店頻率

Q&A 問題研討

1. 請討論日本藥妝龍頭老大 Welcia 的成功祕訣為何？
2. 總結來說，從此個案中，您學到了什麼？

【個案 9】日本成城石井高檔超市的經營成功之道

一、經營績效優良

日本已經連續 20 多年處於通貨緊縮及經濟不景氣的時代之中，但有一家高檔超市卻連續 10 年維持其營收及獲利均年年成長 3～5%，此即「成城石井」高檔超市。

該公司 2024 年營收為 819 億日圓（約 172 億臺幣），營業利益率達 9.3%，是日本一般超市 2 倍以上，且每年開新店 10～15 家，總計全日本有 173 家店。它不走低價位，而是走高價位，定位在高檔超市，以中高收入族群為目標對象。

二、定位：通路、批發、製造三位一體

成城石井超市不僅是通路業，也是批發業及製造業。該超市內，有高達 40% 比例產品是由公司自己進口＋自有品牌的獨家商品，因此能夠擺脫價格戰，創造差異化，在高檔超市中成為領導公司。

三、六大經營心法

（一）滿足選擇，冷門商品照樣上架

在成城石井的超市內，其所陳列的商品不一定必然是暢銷品或很多人都會買的商品，而是只要顧客有需求的，就算只是一個小目標市場的少量銷售，該超市也會予以上架，以回應任何顧客的期待。因為，該超市自創業以

來，所追求的只有滿足顧客這一件重要的事情。

（二）自己進貨，產地直送道地口味

成城石井大膽成立子公司「東京歐洲貿易公司」，直接從歐洲進口在地商品。該貿易公司有 20 多位採購人員，每年都會走訪全世界，尋找真正好吃、好喝與好用的當地商品，而大量採購進口。

（三）找不到好貨，就自己開發

該超市如果某項產品在國內外都找不到好的，就改為自己開發設計，然後找日本代工廠代工製造，這樣的自有品牌利潤也會較高。

（四）抓住熟食，自己製造

超市內的各種熟食，一般都是交給食品代工廠，但成城石井超市卻要求不能加入人工色素、不能加防腐劑等添加物，使得代工廠不符成本、太麻煩，且保存期限又短，故沒有代工廠願意做，因此，該超市就自己建立熟食中央工廠，再物流配送到全日本 170 多家超市內。

（五）重視互動服務，創造美好消費體驗

成城石井超市的現場工作人員較多，顧客想問的問題都可以找得到現場人員詢問，亦盡量希望現場員工能與來客互動談話，真正做到能互動的超市。該超市特別注重收銀臺員工的禮儀及熱情，給顧客最終點的良好印象與美好體驗。

（六）收集顧客聲音

每天下午 5 點，該超市在顧客諮詢室都會準時整理當天收到的顧客意見，然後隔天送到總公司社長（總經理）的桌上。總公司會依據這些意見，展開尋求更好的國內外產品及更快速的服務。

因為，成城石井的名言即是「滿足現狀，就是衰退的開始」。

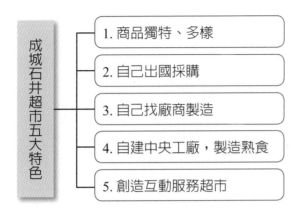

四、多角化經營，持續追求成長

2013 年，該超市正式跨足餐飲業，在東京地區開設 6 家酒吧。另外，也有 2 家門市正在規劃成立「超市＋餐廳」的合併經營模式。

另外，「成城石井」也與日本 800 多家各地中小型超市合作，成立專區，陳列由歐洲進口的獨家商品及特色商品，增加營業額。

五、結語

成城石井的社長表示：「不滿足於現狀，持續追求顧客想要的東西，才是零售業不變的王道。」

Q&A 問題研討

1. 請討論成城石井超市的六大成功經營心法為何？
2. 總結來說，從此個案中，您學到了什麼？

第 3 篇

國內零售業公司永續經營成功的 31 個全方位必勝要點

【要點 1】快速、持續展店，擴大經濟規模競爭優勢及保持營收成長

【要點 2】持續優化及多元化產品組合及專櫃組合

【要點 3】朝向賣場大店化、大規模化、一站購足化的正確方向

【要點 4】領先創新、提早一步創新、永遠推陳出新，帶給顧客驚喜感
        及高滿意度

【要點 5】全面強化會員深耕、全力鞏固主顧客群及有效提高回購率與
        回流率，做好會員經濟

【要點 6】申請上市櫃，強化財務資金實力，以備中長期擴大經營

【要點 7】強化顧客的美好體驗，打造高 EP 值（體驗值）

【要點 8】持續擴大各種節慶、節令促銷檔期活動，以有效集客及提振
        業績

【要點 9】打造 OMO，強化線下＋線上全通路行銷

【要點 10】提供顧客「高 CP 值感」＋「價值經營」的雙重好感度

【要點 11】設定必要廣告投放預算，維繫主顧客群對零售公司的高心
        占率、高信賴度及高品牌資產價值

【要點 12】有效擴增年輕新客群，替代主顧客群逐漸老化的危機

【要點 13】積極建設全臺物流中心，做好物流配送的後勤支援能力，
        達成第一線門市店營運需求

【要點 14】發展新經營模式，打造中長期（5～10 年）營收成長新動能

【要點 15】積極開展零售商自有品牌（PB 商品），創造差異化及提高獲利率

【要點 16】確保現場人員服務高品質，打造好口碑及提高顧客滿意度

【要點 17】做好少數 VIP 貴客的尊榮／尊寵行銷

【要點 18】與產品供應商維繫好良好與進步的合作關係，才能互利互榮

【要點 19】善用 KOL／KOC 網紅行銷，帶來粉絲新客群，擴增顧客人數

【要點 20】做好自媒體、社群媒體粉絲團經營，擴大鐵粉群

【要點 21】加強改變傳統僵化、保守的做事思維，導入求新、求變、求進步的新思維

【要點 22】面對大環境瞬息萬變，公司全員必須能快速應變，平時就要做好因應對策的備案

【要點 23】持續強化內部人才團隊及組織能力，打造一支動態作戰組織

【要點 24】永遠抱持危機意識，居安思危，布局未來成長新動能及超前部署

【要點 25】必須保持正面的新聞報導露出度，提高優良企業形象，維持顧客對公司的信任度

【要點 26】大型零售公司必須善盡企業社會責任（CSR）及做好 ESG 最新要求

【要點 27】加強跨界聯名行銷活動，創造話題及增加業績

【要點 28】堅定顧客導向、以顧客為核心，滿足顧客更多需求及提高價值感，使顧客邁向未來更美好的生活願景

【要點 29】公司有賺錢，就要及時加薪及加發獎金，以留住優秀好人才，成為員工心中的幸福企業

【要點 30】從分眾經營邁向全客層經營，以拓展全方位業績成長

【要點 31】持續「大者恆大」優勢，建立競爭高門檻，保持市場領先地位，確保不被跟隨者超越

必讀總結論「國內零售業公司永續經營成功的 31 個全方位必勝要點」如下述：

【要點 1】快速、持續展店，擴大經濟規模競爭優勢及保持營收成長

零售業成功經營的第一個要點，就是要保持快速、持續性展店，以擴大經濟規模的競爭優勢。

例如：統一超商（7-ELEVEn）、全家超商、寶雅、全聯超市、大樹藥局、SOGO 百貨、遠東百貨、新光三越百貨、日本三井購物中心等，雖然連鎖店數已很多，但仍不停止持續展店，主要就是要擴大經濟規模優勢，以及保持營收成長，這是零售業者非常重要的成功關鍵之一。占據更多、更密集零售道路據點，就可以作為「通路為王」的長期優勢，並提高同業進入門檻。

【要點 2】持續優化及多元化產品組合及專櫃組合

針對賣場內、門市店內的商品組合或專櫃組合，持續加以「優化」及「多元化」、「多樣化」，把好賣的產品留下來，不好賣的產品淘汰出去，有效提高每間店的坪效好業績。另外，產品組合及專櫃組合的多元化、多樣化、新鮮化，也會為顧客帶來更多的選購方便性、便利性、完整性之好處，提高顧客的滿意度。

【要點 3】朝向賣場大店化、大規模化、一站購足化的正確方向

現在的賣場、門市店等，都朝向大店化、大規模化、一站購足化正確方向走。

例如：超商門市店朝向大店化，淘汰小店；新成立的購物中心也愈做愈大規模，像日本三井來臺營運的 LaLaport 購物中心愈開愈大，而 SOGO 百貨公司取得臺北大巨蛋館經營權，面積也很大（4.2 萬坪），比傳統百貨公司多出 3 倍。

再如，新竹遠東巨城購物中心及新北市新店裕隆誠品商城購物中心等，

坪數規模也都很大，經營很成功。

因為大店化、坪數大規模化，比較符合顧客需求及需要性，也受到顧客歡迎，所以生意會更好。

【要點 4】領先創新、提早一步創新、永遠推陳出新，帶給顧客驚喜感及高滿意度

統一超商 10 多年前，領先推出平價 CITY CAFE，現在每年賣 3 億杯，每年創造 130 億元營收及 26 億元咖啡獲利；再如，全家超商率先推出賣現烤蕃薯及霜淇淋，也都很成功；另外，超商推出網購店取創新服務，以及推出複合店、店中店也得到不錯回響；而百貨公司近幾年引進不少歐洲產品新專櫃及引進國內餐廳、美食店，也受到顧客喜愛。

所以，各種零售業種，都必須永遠保持「推陳出新、與時俱進、帶給顧客更多驚喜／驚豔感」，才能吸引顧客持續的回流及再購。

【要點 5】全面強化會員深耕、全力鞏固主顧客群及有效提高回購率與回流率，做好會員經濟

「會員深耕」、「會員經營」已成為近幾年來，在零售業、餐飲業及服務業最重要的行銷作法之一。

現在，各行各業都會發行「會員卡」、「紅利集點卡」、「貴賓卡」或「行動 App」等，主要就是在做會員經營及會員深耕，希望透過紅利積點的回饋優惠或持卡的商品折扣優惠等，來強化及鞏固會員們對我們公司的忠誠度、回購率及回流率。

而且，會員們的業績額，都已占整體業績額的 60～80% 之高，顯見全力強化會員經營、會員深耕，是各行各業的行銷重心所在。

目前，各零售業者的會員卡人數如下：
1. 全聯超市：1,100 萬名會員。
2. momo 電商：1,100 萬名會員。
3. 誠品書店：250 萬名會員。
4. 屈臣氏：600 萬名會員。

5. 寶雅：600 萬名會員。

6. 家樂福：800 萬名會員。

7. 臺灣 COSTCO：400 萬名會員。

8. 新光三越：300 萬名會員。

9. SOGO 百貨：500 萬名會員。

10. 統一超商：1,600 萬名會員。

【要點 6】申請上市櫃，強化財務資金實力，以備中長期擴大經營

現在，不少零售業都朝申請上市櫃，以強化財務資金實力，備妥中長期的擴大經營子彈發展。

近幾年上市櫃的有：寶雅、大樹藥局、杏一藥局、美廉社、即將申請的新光三越百貨，或是多年前早已上市櫃的遠東百貨、統一超商、全家超商、燦坤 3C、全國電子、富邦 momo 電商、PChome 網家等。

總之，成為上市櫃公司的更多好處是：

1. 取得中長期資金能力。

2. 有利企業知名度及形象力提高。

3. 有利吸引優秀人才到公司。

4. 有利公司業績成長。

5. 有利公司正派、永續、公正、公開經營。

6. 有利新聞媒體常見報導露出度。

【要點 7】強化顧客的美好體驗，打造高 EP 值（體驗值）

做零售業就必須更加重視顧客們對我們所提供的營運場所，有更美好及好口碑的體驗感及高 EP 值。包括：門市店內、賣場內、百貨公司內、購物中心內的裝潢、空間感、視覺感、現代化感、進步感、設計美感及人員服務水準等，都要使顧客感到美好的購物逛街、娛樂等感受。

國內零售業者，近幾年在體驗感方面，都有很大的進步及成長，所以，國內零售業的產值及營收規模，都有很好的成長率，這就是一種數字證明。

【要點 8】持續擴大各種節慶、節令促銷檔期活動，以有效集客及提振業績

　　現在，無論全球及臺灣的零售業者，要創造出好業績及有效吸客／集客／吸出消費力，最重要且最有效的方法，就是全力做好「促銷檔期」了。

　　對百貨公司而言，最重要的是年底的「週年慶」，可以創造出占公司全年 25～30% 之高的營收額，如果再加上「母親節」及「春節過年」二大節慶促銷檔期，三者合計可占到百貨公司全年 50% 以上的業績來源。

　　目前，對零售業而言，每個年度比較重要的節慶促銷檔期，大致如下：

1. 週年慶（10～12 月）。
2. 春節過年（1～2 月）。
3. 母親節（5 月）。
4. 父親節（8 月）。
5. 聖誕節（12 月）。
6. 情人節（2 月）。
7. 雙 11 節（11 月）。
8. 雙 12 節（12 月）。
9. 中元節（8 月）。
10. 中秋節（9 月）。
11. 元旦（1 月）。
12. 元宵節（2 月）。
13. 端午節（6 月）。
14. 年中慶（6 月）。
15. 春季購物節（4 月）。
16. 婦女節（3 月）。

【要點 9】打造 OMO，強化線下＋線上全通路行銷

　　現在，電商（網購）發展已是必需，如果少了，就像是斷了一半通路實力。

　　所以，現在不管是消費品業、耐久性商品業、科技品業以及零售業等，

都已走向打造 OMO（Online Merge Offline），全方位建構「線下＋線上全通路」的必然方向。

　　例如：家樂福量販店、全聯超市、新光三越百貨……等實體零售業者，在官方線上商城的業績，也發展得很好。

【要點 10】提供顧客「高 CP 值感」＋「價值經營」的雙重好感度

　　零售業要面對二大客群的不同需求感受：

（一）高 CP 值感庶民客群

　　這是一群數量將近 1,000 萬人的庶民消費者及低薪年輕人客群，他們是月薪大概介於 2.2～3.9 萬元之間的廣大客群。

　　這一群人，要的是低價、平價、高 CP 值、親民價格的產品需求。

（二）高價值感客群

　　另外，則是一群極高所得及高所得的客群，他們要的是：高品質、高質感、有名牌的、奢華的、榮耀的、高附加價值的產品需求。

　　所以，零售業各行業必須依照自己公司的「定位」以及「鎖定自己的客群（TA）」，提供出「高 CP 值」或是「高價值感」等不同經營模式。

　　或是提供能夠「兼具這二種模式」的經營給顧客，那就是最好、最棒、最成功的優質零售業者了。

【要點 11】設定必要廣告投放預算，維繫主顧客群對零售公司的高心占率、高信賴度及高品牌資產價值

　　零售業公司也必須像消費品公司一樣，應該每年提撥定額的廣告預算，以維繫廣大主顧客群對零售業公司的高心占率、高信賴度及高品牌資產價值；絕對不要認為自己公司已經很有知名度了，就不再投放廣告預算，如此長久下去，該零售公司的品牌會被顧客遺忘，不再被列為優先的零售場所了。

　　目前，全聯超市及統一超商二家公司在廣告投放上是很用心在經營的，每年都至少設 2 億元以上的電視廣告預算來維繫它們的品牌力量。另外，

SOGO 百貨、新光三越百貨、遠東百貨也會在每年週年慶時，撥出必要電視廣告預算來投放。

【要點 12】有效擴增年輕新客群，替代主顧客群逐漸老化的危機

現在，各種零售業公司都非常重視如何有效吸引年輕新客群的增加，以替代及降低主顧客群逐漸老化的危機。例如：百貨公司、超市的主顧客群都有一些老化的危機感，雖然 5 年、10 年內不會有太大不利的影響，但 20 年、30 年之後，就會有很大的衝擊。

因此近幾年來，這些零售業公司就積極從各方面、各作法、各項努力，積極加強吸引更多 22～39 歲的年輕族群進來消費，接替已經老化的 60～75 歲的中老年主顧客群，而且也已經有一些不錯的成效了。

【要點 13】積極建設全臺物流中心，做好物流配送的後勤支援能力，達成第一線門市店營運需求

在超商業、超市業、量販店業、美妝連鎖店業、藥局連鎖店業及電商平臺業等，他們的第一線營運都必須要有強大、即時、快速、準確的全臺物流中心及車隊搭配才行，否則營運就會失敗、失去競爭力。因此，上述零售業種公司，必須準備好足夠龐大的財務資金能力，支援做好全臺各地物流中心及車隊的建置工作才行。

所謂「工欲善其事，必先利其器」，即是此意。

目前像全聯、統一超商、全家超商、家樂福、momo 電商、大樹藥局、寶雅等，都打造了非常成功的物流中心，與其後勤支援的能力。

【要點 14】發展新經營模式，打造中長期（5～10 年）營收成長新動能

零售業者必須思考發展新經營模式，才能打造出中長期營收成長新動能。以下是近幾年來成功的案例：

（一）統一超商

投資子公司成功，包括：星巴克、康是美、菲律賓 7-ELEVEn、黑貓宅急便等。

（二）全家超商

投資子公司成功，包括：麵包廠及餐飲業。

（三）各大百貨公司

大幅引進各式餐飲，成為營收額第一名的業種。

（四）SOGO 百貨

承租臺北大巨蛋館營運，面積約 4.2 萬坪。

（五）新光三越百貨

擴增高雄 Outlet 及臺北東區鑽石塔二個新零售據點。

（六）三井

在臺灣的北、中、南區域，各設大型 Outlet 及大型 LaLaport 購物中心。

（七）康是美

從美妝店擴增到藥局連鎖經營。

（八）大樹藥局

從藥局連鎖擴增到寵物連鎖店經營。

（九）各大超商

發展複合店、店中店、地區特色店等。

【要點 15】積極開展零售商自有品牌（PB 商品），創造差異化及提高獲利率

近幾年來，國內零售商都積極投入開發自有品牌（Private Brand, PB）產品，借以創造差異化及提高獲利率。成功案例如下：

（一）全聯超市

成功推出：

1. 美味堂：海味、小菜、便當等。

2. We Sweet：蛋糕、甜點。

3. 阪急麵包。

（二）統一超商

成功推出：

1. CITY CAFE（平價咖啡）。

2. CITY PRIMA（精品咖啡）。

3. CITY TEA（茶飲料）。

4. CITY PEARL（珍珠奶茶）。

5. 7-ELEVEn 鮮食便當。

6. 關東煮。

7. iseLect 品牌。

8. UNIDESIGN 品牌。

（三）COSTCO（好市多）

成功推出 Kirkland（科克蘭）自有品牌產品。

（四）家樂福

成功推出「家樂福」高、中、低價自有品牌產品。

（五）屈臣氏

成功推出：

1. 活沛多。

2. 蒂芬妮亞。

3. Watsons。

（六）康是美、大潤發、寶雅、愛買、美廉社等也都致力於開發自有品牌產品，皆有不錯的成效。

【要點 16】確保現場人員服務高品質，打造好口碑及提高顧客滿意度

現場人員服務，對零售業來講也很重要。例如：

（一）momo 網購

全臺 24 小時宅配必到、臺北市 8 小時宅配必到，momo 物流宅配速度服務甚佳。

（二）SOGO 百貨

電梯小姐及彩妝品專櫃小姐服務品質甚佳。

各大零售行業，大都是人對人的接觸及服務；前述零售業要令人有高 EP 值（體驗）感受，才能展現出實體據點的價值性，以及與電商平臺的差異性。如果，實體零售業連服務都做不好，那就會離顧客愈來愈遠，業績就會愈來愈差了。

而實體零售業的服務高品質，包括以下 4 點：

1. 服務人員的高素質與高品質。
2. 服務流程的 SOP 標準作業流程化及有溫度化。
3. 服務人員的禮貌、親切、貼心、用心、認真、親和，以及能夠解決問題。
4. 服務人員專業知識及銷售技能的提升。

【要點 17】做好少數 VIP 貴客的尊榮／尊寵行銷

在高級百貨公司零售業中，還有一個必須重視的是：少數 VIP 貴客的尊榮／尊寵行銷。

這些少數貴客 VIP，每年每人帶給百貨公司幾百萬、幾千萬的業績貢獻，是值得好好對待的一群貴客。

例如：

1. 臺北 SOGO 百貨：

每年消費滿 30 萬元以上，計有 3,000 多人。

2. 臺北 101 百貨：

　　每年消費滿 101 萬元以上，計有 3,000 多人。

3. 臺北 BELLAVITA 百貨：

　　每年消費滿 100 萬元以上，計有 1,000 多人。

　　上述臺北 101 百貨公司，以 3,000 人 VIP×101 萬元業績＝30 億元，光少數人一年就創造 30 億元營收業績，占臺北 101 百貨全年 200 億元業績的 15% 之多，占比貢獻非常高。因此，公司必須認眞、用心、投入、專人照顧好與接待好這一批金字塔頂端的貴客才行。

【要點 18】與產品供應商維繫好良好與進步的合作關係，才能互利互榮

　　零售業者與上游產品供應商，維繫好良好與進步的合作關係，並且達到互利互榮目標，也是一個經營重點。包括幾點作爲：

1. 縮短給付產品供應商銷貨貨款的支票期限或匯款期限，盡可能以 30 天期限爲目標，勿拖到 90 天。

2. 百貨專櫃的抽成比例應該合理些，勿抽成太高。

3. 對產品供應商及各專櫃的各項名目贊助費也應合理，勿太高、太頻繁。

4. 對產品供應商及各專櫃應該嚴格要求高品質目標及高度注意食安問題，絕不能出食安及品質問題。

5. 對產品供應商及各專櫃應持續不斷的要求：創新、求新求變與進步，每年都做出最好、最棒、最驚喜的新產品、新品牌給廣大消費者。使顧客能感受到國內零售業者有在進步。

6. 零售業者與各供應商、各專櫃應秉持互利互榮，以及把市場餅做大的正確理念，雙方以眞心、誠信合作，才能使國內零售業產業鏈成長、進步、茁壯。

【要點 19】善用 KOL ／ KOC 網紅行銷，帶來粉絲新客群，擴增顧客人數

現在，已有愈來愈多的消費品、彩妝保養品牌廠商及零售業者，採取 KOL ／ KOC 網紅行銷方式，為該公司帶來粉絲新客群，以及增加新業績。例如：

1. 統一超商、全家超商：與 KOL 網紅聯名推出新款鮮食便當，都賣得不錯。
2. 百貨公司：與 KOL ／ KOC 合作，帶他們的粉絲群到百貨公司的促銷折扣樓層去購物，可以當面與這些 KOL ／ KOC 見面，有效吸引粉絲們到現場來。
3. 此外，現在更流行與 KOL ／ KOC 合作發團購優惠貼文及現場直播導購、直播帶貨，這些都直接有效促進零售業者與產品供應商的業績成長。

【要點 20】做好自媒體、社群媒體粉絲團經營，擴大鐵粉群

由於電視廣告及網路廣告播放成本較高，因此，很多零售業者開始重視在低成本的自媒體及社群媒體，經營他們的鐵粉，加強粉絲顧客對他們的黏著度及忠誠度。目前包括：

1. 官網（官方網站）經營。
2. 官方線上商城經營。
3. 官方 FB ／ IG 粉絲團經營。
4. 官方 YT 影音頻道經營。
5. 官方 LINE 群組、好友經營。
6. 短影音廣告宣傳片製作。

【要點 21】加強改變傳統僵化、保守的做事思維，導入求新、求變、求進步的新思維

國內零售業者的從業人員，有些是比較保守及傳統的做事思維，但現在已來到 2023～2030 年變化快速的新時代，因此必須大幅改變做事思維，導入求新、求變、求進步、求發展、求突破、求成長的最新思維、行動力及執

行力，才可以有效面對外部大環境的巨變，以及面對日益激烈的同業、異業互相競爭以求生存。

【要點 22】面對大環境瞬息萬變，公司全員必須能快速應變，平時就要做好因應對策的備案

除了上述全員做事思維的改變之外，零售業者在面對外部大環境的瞬息萬變，必須做好 2 件大事，包括：

1. 打造能夠「快速應變」的組織能力及隨時作戰的機制。
2. 平時就要建立好因應對策的備案計劃，預先做好準備。有準備好，就不會在關鍵時刻慌亂、不知所措。

【要點 23】持續強化內部人才團隊及組織能力，打造一支動態作戰組織

另外，零售業者平時就必須持續強化內部人才團隊及組織能力（Organizational Capability），打造一支強大且能夠隨時動態作戰的組織體。

包括下列部門的人才與組織能力：

1. 商品企劃與開發。
2. 門市店開拓。
3. 商品採購。
4. 門市店營運店長。
5. 會員經營。
6. 行銷企劃。
7. 電商。
8. 專櫃／餐飲引進。
9. 營業。
10. 中高階領導主管。
11. 經營企劃。

【要點 24】永遠抱持危機意識，居安思危，布局未來成長新動能及超前部署

　　零售業者經營也必須跟其它行業公司一樣，必須做好下列 5 項重要經營理念：

1. 千萬不能自滿，尤其當業績大好、成功的時候。
2. 必須永遠保持危機意識，永遠要居安思危。
3. 必須布局未來，保持永遠的成長新動能。
4. 對任何事，必須堅持超前部署，提前做好計劃準備。
5. 切記，若一直停留在原地，就是退步了！要永遠向前進步。

【要點 25】必須保持正面的新聞報導露出度，提高優良企業形象，維持顧客對公司的信任度

　　零售業公司跟各行各業公司一樣，都不能只會默默做事，而不重視必要的宣傳；只要是對公司形象、印象、信賴度發展及強化的各種媒體正面專訪及報導，都必須加以歡迎及接受。

　　下列零售業公司的新聞媒體報導都對該公司經營帶來正面效益，例如：

1. SOGO 百貨（黃晴雯董事長）。
2. 新光三越百貨（吳昕陽總經理）。
3. 統一超商（羅智先董事長）。
4. 全聯超市（林敏雄董事長）。
5. momo 電商（谷元宏總經理）。
6. 另外還有：寶雅、大樹藥局、全家、康是美……等零售業公司均有相關報導。

【要點 26】大型零售公司必須善盡企業社會責任（CSR）及做好 ESG 最新要求

　　近幾年來，全球各大型上市櫃公司，都被要求善盡企業社會責任（CSR），以及做好 ESG（E：環境保護；S：社會關懷、社會回饋；G：公

司治理）。國內大型零售公司，也努力朝這些方向努力，比較有成果的包括：

1. 統一超商。
2. SOGO 百貨。
3. 全聯超市。
4. 家樂福量販店。

【要點 27】加強跨界聯名行銷活動，創造話題及增加業績

最近幾年，零售業公司也積極跟各行業、各品牌，展開跨界聯名行銷活動，可達到創造話題及增加商品銷售目的。例如：

（一）統一超商

跟五星級大飯店「君悅」、「晶華」及米其林餐廳，聯名合作推出好吃的各式鮮食便當，銷量很好；並命名自有品牌名稱爲「星級饗宴」。

（二）全家超商

跟知名 KOL、鼎泰豐推出聯名便當，銷售成績不錯。

【要點 28】堅定顧客導向、以顧客爲核心，滿足顧客更多需求及提高價值感，使顧客邁向未來更美好的生活願景

經營的根本核心點，零售業公司最高領導者與全體幹部團隊，必須回到初心、回到任何企業的根本思路，即是下列 6 點：

1. 堅定顧客導向爲原則。
2. 以顧客爲核心。
3. 快速滿足顧客需求、期待及想要的。
4. 爲顧客創造更多附加價值的利益點（Benefit）。
5. 永遠走在顧客最前面。
6. 爲顧客邁向更美好的生活爲願景。

【要點 29】公司有賺錢，就要及時加薪及加發獎金，以留住優秀好人才，成為員工心中的幸福企業

零售業公司在疫情解封後的 2022 年度年營收都有很大的成長，不少百貨公司、超市等，紛紛加發年終獎金，以及 2023 年度為員工調薪、加薪 3～6%，這些都是很好、很正確的作法。

畢竟，員工才是公司能夠賺錢的重要原因，也是公司重要的資產價值。唯有員工滿意、員工快樂，才會有廣大顧客的滿意。零售業每天從早到晚、一整天都要面對面接觸及服務廣大顧客，這份辛苦及認真，公司董事長、總經理高階決策主管應該給予合理且具激勵性的月薪及獎金，以感謝全體員工的付出。

【要點 30】從分眾經營邁向全客層經營，以拓展全方位業績成長

過去，在消費品業、名牌精品業、耐久性品業等，都強調要分眾經營及分眾行銷才會贏；但現在零售業的發展趨勢，卻是強調要全客層、全方位經營，才能開拓更大的業績成長空間。例如：

（一）大型購物中心

新竹遠東巨城、三井臺中 / 臺北 LaLaport、新北環球購物中心、新店裕隆城等，都強調是全客層經營。

（二）超市

全聯超市過去主力客層為 40～65 歲客群，現在也吸引 25～39 歲年輕客群，以邁向全客層型的第一大超市。

（三）百貨公司

新光三越、SOGO、遠東百貨三大百貨公司過去以較高所得、較高年齡的客群為主力，但現在也在大幅增加能夠吸引 25～39 歲年輕客群的餐飲櫃位及產品專櫃，逐步轉型到全客層的嶄新百貨公司。

（四）量販店

家樂福、臺灣好市多（COSTCO）、大潤發等量販店，早就是以全客層

為經營，因為面積坪數大、商品品項多，能吸引老、中、青日常生活購物需求。

【要點31】持續「大者恆大」優勢，建立競爭高門檻，保持市場領先地位，確保不被跟隨者超越

經營連鎖零售業的重大特性之一，就是它具有「大者恆大優勢」，不易被後面中小型零售公司超越，只要大型零售公司能夠保持：

1. 不斷求新、求變。

2. 不斷與時俱進。

3. 不斷創新、進步。

4. 不斷領先保持。

5. 不斷布局未來成長。

就能持續保有市場第一大、第二大的領導地位。

成功案例如下：

（一）超商（前二大）

1. 統一超商（7,200 家店，本業年營收 1,900 億元）。

2. 全家（4,300 家店，本業年營收 800 億元）。

（二）超市（前一大）

全聯（1,200 家店，年營收 1,700 億元，全國第一大超市）。

（三）百貨公司（前三大）

1. 新光三越（年營收 930 億元）。

2. 遠東百貨（年營收 620 億元）。

3. SOGO 百貨（年營收 520 億元）。

（四）量販店（前二大）

1. COSTCO 好市多（年營收 1,200 億元）。

2. 家樂福（年營收 810 億元）。

（五）美妝店（前三大）

1. 寶雅（年營收 230 億元）。

2. 屈臣氏（年營收 180 億元）。

3. 康是美（年營收 130 億元）。

（六）藥局（前二大）

1. 大樹（年營收 170 億元）。

2. 杏一（年營收 50 億元）。

（七）電商平臺（第一大）

momo 電商（年營收突破 1,100 億元）。

上述都是國内主力零售業種的前三大、前二大市場領導公司，且具有「大者恆大」的保持優勢，後進者很難超越，因為這些大型連鎖零售公司，每天也在追求進步、追求突破、追求成長、追求創新、追求永續經營。

國內零售業公司永續經營成功的 31 個全方位必勝要點

1. 快速、持續展店，擴大經濟規模優勢及保持營收成長。
2. 持續優化及多元化產品組合及專櫃組合。
3. 朝向賣場大店化、大規模化、一站購足化的正確方向。
4. 領先創新、提早一步創新、永遠推陳出新，帶給顧客驚喜感及高滿意度。
5. 全面強化會員深耕、全力鞏固主顧客群及有效提高回購率與回流率，做好會員經濟。
6. 申請上市櫃，強化財務資金實力，以備中長期擴大經營。
7. 強化顧客的美好體驗，打造高 EP 值（體驗值）。
8. 持續擴大各種節慶、節令促銷檔期活動，以有效集客及提振業績。
9. 打造 OMO，強化線下＋線上全通路行銷。
10. 提供顧客「高 CP 值感」＋「價值經營」的雙重好感度。
11. 設定必要廣告投放預算，維繫主顧客群對零售公司的高心占率、高信賴度及高品牌資產價值。
12. 有效擴增年輕新客群，替代主顧客群逐漸老化的危機。
13. 積極建設全臺物流中心，做好物流配送的後勤支援能力，達成第一線門市店營運需求。
14. 發展新經營模式，打造中長期（5～10 年）營收成長新動能。
15. 積極開展零售商自有品牌（PB 商品），創造差異化及提高獲利率。
16. 確保現場人員服務高品質，打造好口碑及提高顧客滿意度。
17. 做好少數 VIP 貴客的尊榮／尊寵行銷。
18. 與產品供應商維繫好良好與進步的合作關係，才能互利互榮。
19. 善用 KOL／KOC 網紅行銷，帶來粉絲新客群，擴增顧客人數。
20. 做好自媒體、社群媒體粉絲團經營，擴大鐵粉群。
21. 加強改變傳統僵化、保守的做事思維，導入求新、求變、求進步的新思維。
22. 面對大環境瞬息萬變，公司全員必須能快速應變，平時就要做好因應對策的備案。
23. 持續強化內部人才團隊及組織能力，打造一支動態作戰組織。
24. 永遠抱持危機意識，居安思危，布局未來成長新動能及超前部署。
25. 必須保持正面的新聞報導露出度，提高優良企業形象，維持顧客對公司的信任度。
26. 大型零售公司必須善盡企業社會責任（CSR）及做好 ESG 最新要求。
27. 加強跨界聯名行銷活動，創造話題及增加業績。

28. 堅定顧客導向、以顧客為核心，滿足顧客更多需求及提高價值感，使顧客邁向未來更美好的生活願景。
29. 公司有賺錢，就要及時加薪及加發獎金，以留住優秀好人才，成為員工心中的幸福企業。
30. 從分眾經營邁向全客層經營，以拓展全方位業績成長。
31. 持續「大者恆大」優勢，建立競爭高門檻，保持市場領先地位，確保不被跟隨者超越。

- 必能長期、永續經營成功。
- 必能保持零售業界的領先地位。
- 必能深獲廣大顧客及會員們的支持、肯定、滿意、信任與高回購率。

國家圖書館出版品預行編目(CIP)資料

零售業個案分析／戴國良著.－－初版.－－
臺北市：五南圖書出版股份有限公司,
2024.12
面；　公分
ISBN 978-626-393-961-5(平裝)

1.CST: 零售業　2.CST: 企業經營　3.CST:
個案研究

498.2　　　　　　　　　　113017949

1FAR

零售業個案分析

作　　者 ― 戴國良

編輯主編 ― 侯家嵐

責任編輯 ― 吳瑀芳

文字校對 ― 張淑端

封面設計 ― 姚孝慈

出 版 者 ― 五南圖書出版股份有限公司

發 行 人 ― 楊榮川

總 經 理 ― 楊士清

總 編 輯 ― 楊秀麗

地　　址：106臺北市大安區和平東路二段339號4樓

電　　話：(02)2705-5066　　傳　　真：(02)2706-6100

網　　址：https://www.wunan.com.tw

電子郵件：wunan@wunan.com.tw

劃撥帳號：01068953

戶　　名：五南圖書出版股份有限公司

法律顧問：林勝安律師

出版日期：2024年12月初版一刷

定　　價：新臺幣360元

※版權所有‧欲利用本書內容，必須徵求本公司同意※

五南
WU-NAN

全新官方臉書

五南讀書趣

WUNAN
Books

since1966

Facebook 按讚

1秒變文青

★ 專業實用有趣
★ 搶先書籍開箱
★ 獨家優惠好康

五南讀書趣 Wunan Books

不定期舉辦抽獎
贈書活動喔！！！

經典永恆・名著常在

五十週年的獻禮 —— 經典名著文庫

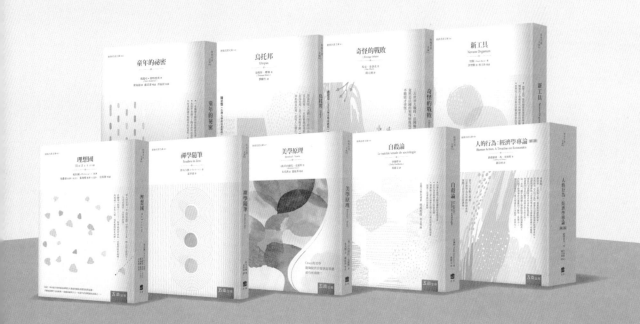

五南，五十年了，半個世紀，人生旅程的一大半，走過來了。

思索著，邁向百年的未來歷程，能為知識界、文化學術界作些什麼？

在速食文化的生態下，有什麼值得讓人雋永品味的？

歷代經典・當今名著，經過時間的洗禮，千錘百鍊，流傳至今，光芒耀人；

不僅使我們能領悟前人的智慧，同時也增深加廣我們思考的深度與視野。

我們決心投入巨資，有計畫的系統梳選，成立「經典名著文庫」，

希望收入古今中外思想性的、充滿睿智與獨見的經典、名著。

這是一項理想性的、永續性的巨大出版工程。

不在意讀者的眾寡，只考慮它的學術價值，力求完整展現先哲思想的軌跡；

為知識界開啟一片智慧之窗，營造一座百花綻放的世界文明公園，

任君遨遊、取菁吸蜜、嘉惠學子！